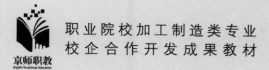

职业院校加工制造类专业
校企合作开发成果教材

U0148278

典型电气控制线路安装与调试 （第2版）

DIANXING DIANQI KONGZHI XIANLU ANZHUANG YU TIAOSHI

主　编／王传艳　宋瑞娟

副主编／孙晓峰　刘志国

参　编／王亮亮　张建启　刘　洋
　　　　徐　建　邱兆玲　胡　艺

北京师范大学出版集团
BEIJING NORMAL UNIVERSITY PUBLISHING GROUP
北京师范大学出版社

图书在版编目(CIP)数据

典型电气控制线路安装与调试/王传艳，宋瑞娟主编. —2版. —北京：北京师范大学出版社，2021.1(2024.6重印)
ISBN 978-7-303-25249-7

Ⅰ.①典… Ⅱ.①王…②宋… Ⅲ.①电气控制－控制电路－安装－高等职业教育－教材②电气控制－控制电路－调试方法－高等职业教育－教材 Ⅳ.①TM571.2

中国版本图书馆 CIP 数据核字(2019)第 252028 号

图书意见反馈：gaozhifk@bnupg.com　010-58805079
营销中心电话：010-58806880　58801876
编辑部电话：010-58806368

出版发行：北京师范大学出版社　www.bnupg.com
　　　　　北京市西城区新街口外大街 12-3 号
　　　　　邮政编码：100088
印　　刷：唐山玺诚印务有限公司
经　　销：全国新华书店
开　　本：787 mm×1092 mm　1/16
印　　张：16.75
字　　数：260 千字
版　　次：2021 年 1 月第 2 版
印　　次：2024 年 6 月第 8 次印刷
定　　价：43.80 元

策划编辑：庞海龙　　　　　责任编辑：马力敏
美术编辑：焦　丽　　　　　装帧设计：焦　丽
责任校对：陈　民　　　　　责任印制：马　洁　赵　龙

版权所有　侵权必究
反盗版、侵权举报电话：010-58800697
北京读者服务部电话：010-58808104
外埠邮购电话：010-58808083
本书如有印装质量问题，请与印制管理部联系调换。
印制管理部电话：010-58800608

内容简介

本书根据国家最新电气标准，并结合国际电工委员会（IEC）颁发的标准，较系统地阐述了机床常用低压电器、机床电气控制基本环节、典型控制线路分析、安装、调试方法。同时，结合学科独特优势和资源，有机融入党和国家的有关精神，增强教育的实效性。

本书采用"项目－任务"的结构形式进行编写，项目注重在实际生产中的运用，注重内容的先进性和实用性，理论联系实际，简明扼要，图文并茂，通俗易懂，便于教学和自学。每个项目分为循序渐进的几个不同任务，每个任务都配有适当的技能操作训练和理论思考题，具有选材新颖、结构合理、实用性强等特点。本书共设置低压配电电器识别与选用、低压主令电器识别与选用、低压控制电器识别与选用、电动机直接启动单向运转控制线路安装、电动机直接启动可逆运转控制线路安装、电动机降压启动控制线路安装、电动机制动控制线路安装、双速电动机变速控制线路安装 8 个项目，包含 26 个任务。

本书可作为职业院校装备制造类相关专业学生的教学用书或者参考书，也可作为机床电气控制技术革新、设备改造的关键素材及各类职业院校、社会培训班的实训教材和教学参考用书。

2023 年 5 月

　　《典型电气控制线路安装与调试》是机电类和电气类专业的一门理实一体的专业核心课程。本教材基于"校企深度融合、协同育人"的时代背景下，本着"以就业为导向、以能力为本位、以工作过程为引领"的教学理念和"教、学、做"一体化的教学模式，创新教材编写思路，具有鲜明的特色。

　　1. 结合学科特点，及时全面准确融入党和国家的有关精神，充分发挥教材的铸魂育人功能，为培养德智体美劳全面发展的社会主义建设者和接班人奠定坚实基础。

　　2. 研发人员多元化，由来自合作企业的技术能手、维修电工职业技能证书鉴定辅导教师、维修电工及电气安装与维修等相关工种技能大赛指导教师、青岛市王传艳名师工作室成员，积累多年课堂教学和技能辅导经验，凝结智慧，聚力完成。

　　3. 内容编排采用"项目—任务"的结构形式，每一个项目由学习目标和若干个相互关联的任务组成，改变了以知识能力点为体系的框架，以实践活动为主线组织编排教材，紧紧围绕活动，实施任务。每一个任务由场景描述、任务描述、实践操作、经验分享（或知识窗）、操作训练、知识链接、思考与练习、任务评价组成，坚持相关知识适度与适用性、实践操作的实用性及能力拓展先进性原则。严格按照职业教育教学规律和学生认知能力，循序渐进，合理科学地编排每个项目及任务，语言叙述平实，通俗易懂，图文并茂，生动直观。

　　4. 内容选择贴近学生学习与生产生活实际，紧紧围绕学生职业能力的有效发展和提升这一主题，删繁就简。教材注重操作技能的培养与训练，旨在培养学生的操作技能与分析、判断、排除各种故障的能力。理论知识力求突出针对性与实用性，理论与技能紧密结合，理论为技能服务与支撑。

　　5. 创设情境引入任务，便于开展任务驱动式教学。尽量将新技术和国家最新标准、行业规范融入项目教学中，使学校实训和企业生产实践接轨。以手册式教材编写思路为指导，任务实施步骤清晰明确，便于学生独立完成操作。

　　6. 基于信息化背景下，组织企业专家和专业骨干教师对本课程对应的岗位能力进行梳理，确定重点、难点内容，共同研发微课、动画、视频等配套资源，以二维码的形式嵌入教材，创新新型融媒体教材，方便学习者反复观看和自学，突破学习时空的限制。克服了传统纸质教材枯燥、对中职生吸引力差的问题。同时，本教材还配套课程标准、PPT 课件、工艺卡、测试题、试题库等丰富的教学资源,对教和学提供有力帮助。

7. 任务评价主体和形式多元化,不仅突出知识掌握和技能的提高,而且融入工匠精神、爱国敬业精神,将提升学生职业素养贯穿于任务实施整个过程。

8. 以生为本,突出实践,增加学生过程性体验,尊重学生的创造性和个性,激发学习兴趣,使学生最大限度地发挥自主性、创造性、灵活性,使学生大胆探究、学以致用,掌握基本技能和实践能力,为适应社会的学习、工作和生活奠定坚实的基础。

本书在编写过程中,得到了天津大学、青岛大学、青岛日富科技自动化公司、青岛鸿普电气科技有限公司、山东省轻工工程学校等专家、领导、同事的大力支持,参考了企业产品的技术资料,在此一并表示感谢!

本书由山东省轻工工程学校王传艳、宋瑞娟主编,孙晓峰、刘志国副主编。青岛鸿普电气科技有限公司徐建,山东省轻工工程学校王亮亮、张建启、刘洋,青岛军民融合学院邱兆玲,青岛市城阳区职业教育中心胡艺参编。由于编写时间仓促,编者水平有限,书中难免有错漏之处,恳请广大读者批评指正。

编者

2023 年 5 月

目 录

项目一

低压配电电器的识别与选用

➔ 学习目标

1. 了解常用低压配电电器的种类，明确相关低压配电电器的作用。

2. 掌握相关低压配电电器的图形及文字符号。

3. 能根据需要选取和安装低压配电电器。

4. 会正确使用万用表对相关低压配电电器进行检测。

5. 养成良好的职业习惯，安全规范操作，器件轻拿轻放，不带电操作，按参数进行检测与使用，防止摔坏、烧坏器件。

➔ 资料拓展

学习目标内含知识与技能、过程与方法和素养能力目标，折射出职业教育培养复合型高素质人才的定位。教育是国之大计、党之大计。培养什么人、怎样培养人、为谁培养人是教育的根本问题。育人的根本在于立德，我们需要全面贯彻党的教育方针、落实立德树人根本任务，培养德智体美劳全面发展的社会主义建设者和接班人。

任务1　刀开关的识别与选用

➡ 场景描述

在日常生活和生产中，很多控制柜或配电箱中用到了多种电器元件，如图 1-1-1 所示自耦变压器降压起动柜和图 1-1-2 所示户外配电箱。在柜体的顶端配有一个带手柄的手动电器元件，我们通常简单地称它为"开关"或"闸"，这种叫法准确吗？除了为设备通电或断电之外，它还有什么作用？有哪些种类？安装和使用时应注意哪些问题？让我们带着这些问题一起来认识"刀开关"。

图 1-1-1　自耦变压器降压起动柜　　　　　图 1-1-2　户外配电箱

➡ 资料拓展

场景描述中提出了关于"开关"的系列问题，通过问题引领，培养学生的探究精神和团队合作意识。必须坚持问题导向。问题是时代的声音，回答并指导解决问题是理论的根本任务。今天我们所面临问题的复杂程度、解决问题的艰巨程度明显加大，给理论创新提出了全新要求。

➡ 任务描述

认识常见刀开关的外形，明确刀开关的型号含义，了解刀开关的主要技术参数，能规范绘制刀开关的图形及文字符号，能根据实际情况选择刀开关，并按要求进行正确安装，会对刀开关的质量进行检测，能根据故障现象，找出故障原因并排除。

→ 实践操作

1. 认识常用刀开关的外形

刀开关的种类很多，有几十种规格。常见刀开关的外形如图 1-1-3 所示。

（a）开关板用刀开关（b）带熔断器刀开关（c）胶盖闸刀开关　（d）防爆刀开关　（e）铁壳开关

图 1-1-3　常用刀开关的外形

2. 绘制刀开关的图形及文字符号

刀开关的图形及文字符号，如图 1-1-4 所示。

（a）单极　　　　　（b）双极　　　　（c）三极

图 1-1-4　刀开关的图形及文字符号

3. 刀开关的选用原则

(1)根据控制要求、安装条件及安全需要，选择刀开关的类型。

(2)根据电源相数选择刀的极数。

(3)刀开关的额定电压应大于或等于所控制线路的额定电压。

(4)刀开关的额定电流应大于或等于线路的额定电流。

对于普通负载，刀开关可以根据额定电流来选择。对于电动机负载，开启式刀开关额定电流可取电动机额定电流的 3 倍；封闭式刀开关额定电流可取电动机额定电流的 1.5 倍。

4. 刀开关的检测

(1)目测检测。检查外壳有无破损；动触刀和静触座接触是否歪扭。

(2)手动检测。扳动刀开关手柄，看转动是否灵活。

(3)万用表检测。用万用表检测各相是否正常。

①万用表调零。将万用表转换开关拨到 Ω 档的 R×10 档，将红、黑表笔短接，

通过刻度盘右下方的调零旋钮将指针调整到 Ω 档的零刻度，如图 1-1-5 所示。

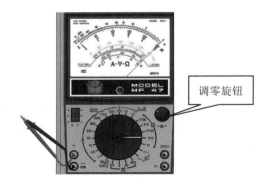

调零旋钮

图 1-1-5　万用表调零

②手柄向下断开刀开关，将万用表红黑表笔分别放到刀开关一相的进线端和出线端时，万用表指针指向"∞"，如图 1-1-6(a)所示；表笔不动，向上合上手柄，万用表指针由"∞"指向"0"，如图 1-1-6(b)所示，则此相正常。

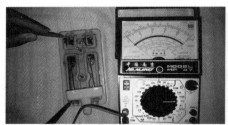 

（a）手柄断开时刀开关性能检测　　　　　（b）手柄合上时刀开关性能检测

图 1-1-6　刀开关性能检测

③用同样的方法检测刀开关的其他相的性能。

5. **刀开关的安装与接线**

(1)刀开关安装。应垂直安装在控制屏或开关板上，不得倒装或平装，且合闸状态时手柄应朝上。

(2)刀开关接线。应将电源线接在上端，负载线接在下端，这样断开后，刀开关的触刀与电源隔离，既便于更换熔丝，又可防止发生意外事故。

6. **排除刀开关故障**

在用万用表检测刀开关时，发现合上刀开关手柄测量三相电阻时，有一相断开，找出产生故障的可能原因，并排除故障，见表 1-1-1。

(2)刀开关的型号。

目前常用的刀开关有 HD 系列单掷刀开关、HS 系列双掷刀开关、HK 系列胶盖闸刀开关、HH 系列铁壳开及 HR 系列熔断器式刀开关等。

刀开关的型号标志组成及其含义如下。

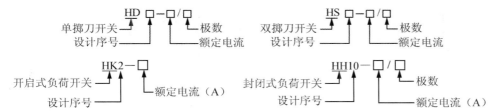

有的刀开关在极数后常标有"0"或"1","0"表示不带灭弧罩,"1"表示带灭弧罩。还有个别刀开关在设计序号后常跟有 B 或 BX,B 指外形尺寸较小,BX 指带 BX 旋转手柄。

4. 刀开关的主要技术参数

刀开关的主要技术参数有额定电压、额定电流、通断能力、动稳定电流、热稳定电流等。

(1)通断能力。在规定条件下,在额定电压下接通和分断的电流值。

(2)动稳定电流。电路发生短路故障时,刀开关并不因短路电流产生的电动力作用而发生变形、损坏或触刀自动弹出之类的现象,这一短路电流(峰值)即称为刀开关的动稳定电流。

(3)热稳定电流。指电路发生短路故障时,刀开关在一定时间内(通常为 1s)通过某一短路电流,并不会因温度急剧升高而发生熔焊现象,这一最大短路电流称为刀开关的热稳定电流。

近年来,我国研制的新产品有 HD18、HD17、HS17 等系列刀形隔离开关,HG1 系列熔断器式隔离开关等。表 1-1-3 列出了 HK1 系列胶盖开关的技术参数。

表 1-1-3 HK1 系列胶盖开关的技术参数

额定电流值/A	极数	额定电压值/V	可控制电动机最大容量值/kW		触刀极限分断能力 $(\cos \varphi = 0.6)$/A	熔丝极限分断能力/A	配用熔丝规格			
			220 V	380 V			熔丝成分/%			熔丝直径/mm
							铅	锡	锑	
15	2	220	—	—	30	500	98	1	1	1.45~1.59
30	2	220	—	—	60	1 000				2.30~2.52

续表

额定电流值/A	极数	额定电压值/V	可控制电动机最大容量值/kW		触刀极限分断能力	熔丝极限分断能力/A	配用熔丝规格			
			220 V	380 V	($\cos\varphi=0.6$)/A		熔丝成分/%			熔丝直径/mm
							铅	锡	锑	
60	2	220	—	—	90	1 500	98	1	1	3.36~4.00
15	2	380	1.5	2.2	30	500				1.45~1.59
30	2	380	3.0	4.0	60	1 000				2.30~2.52
60	2	380	4.4	5.5	90	1 500				3.36~4.00

5. 刀开关的常见故障及检修方法

刀开关的常见故障及检修方法见表 1-1-4。

表 1-1-4　刀开关的常见故障及其检修方法

故障现象	产生原因	检修方法
合闸后一相或两相没电	1. 插座弹性消失或开口过大 2. 熔丝熔断或接触不良 3. 插座、触刀氧化或有污垢 4. 电源进线或出线头氧化	1. 更换插座 2. 更换熔丝 3. 清洁插座或触刀 4. 检查进出线头
触刀和插座过热或烧坏	1. 开关容量太小 2. 分、合闸时动作太慢造成电弧过大,烧坏触点 3. 夹座表面烧毛 4. 触刀与插座压力不足 5. 负载过大	1. 更换较大容量的开关 2. 改进操作方法 3. 用细锉刀修整 4. 调整插座压力 5. 减轻负载或调换较大容量的开关
封闭式负荷开关的操作手柄带电	1. 外壳接地线接触不良 2. 电源线绝缘损坏碰壳	1. 检查接地线 2. 更换导线

➲ 思考与练习 ————————————————

一、填空题

1. 低压电器是指用在交流＿＿＿＿＿＿ Hz、额定电压＿＿＿＿＿＿以下及直流额定电压＿＿＿＿＿＿以下的电路中,能根据外界的信号和要求、手动或自动地接通、断开电路,以实现对电路或电气设备的切换、＿＿＿＿＿＿、＿＿＿＿＿＿、检测和调节的工业电器。

2. 低压电器根据其控制对象的不同,分为＿＿＿＿＿＿和＿＿＿＿＿＿两大类。

组合开关原理示意图如图 1-2-6 所示。

此开关中间深色为绝缘体，开关可向左中右移动。

开关位于左端时[图 1-2-6(a)]：1－2 接通，4－5 接通；

开关位于右端时[图 1-2-6(b)]：2－3 接通，5－6 接通；

开关位于中间时[图 1-2-6(c)]：断开。

试试在图 1-2-6 的基础上画出组合开关控制马达正反转的接线图。

（提示：组合开关向左右移动，切换电源正负极，即可实现马达正反转的切换。）

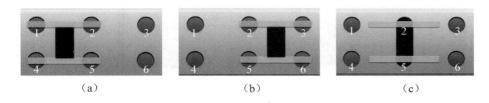

（a）   （b）   （c）

图 1-2-6　组合开关原理示意图

⊙ 操作训练 ─────────────────────────────

1. 选用组合开关时，若用于控制照明或电热设备，其额定电流应_____被控制电路中各负荷电流之和。用于控制电动机时，其额定电流一般取电动机额定电流的_____，每小时切换次数不宜超过_____次。

2. 组合开关的通断能力较低，不能用来分断_____。用于控制异步电动机的正反转时，必须在电动机_____后才能反向启动。

⊙ 知识链接 ─────────────────────────────

一、 组合开关的结构

组合开关又被称为转换开关，是由多组相同结构的触点组件叠装而成的多回路控制电器，靠旋转手柄来实现线路的转换。

组合开关由动触点、静触点、方形转轴、手柄、定位机构及外壳组成，外形及结构如图 1-2-7 所示。动触片分别叠装在数层绝缘座内，转动手柄，每层的动触片随着方形手柄转动，并使静触片插入对应的动触片内，接通电路。

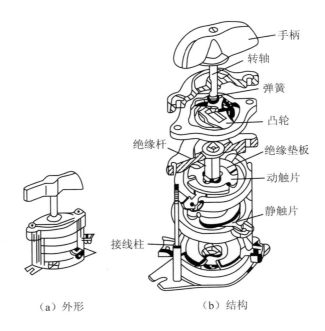

（a）外形　　　　　　　（b）结构

图 1-2-7　组合开关外形结构图

二、 组合开关的功能

(1)在电气控制线路中，常被作为电源引入的开关。

(2)用来直接启动或停止 5.5 kW 以下小功率电动机或使电动机正反转。

(3)控制局部照明电路。

三、 组合开关的型号

常用的组合开关有 HZ5、HZ10 和 HZ15 系列。

HZ5 系列适用于交流 50 Hz(或 60 Hz)、电压 380 V 及以下、电流至 60 A 的电气控制线路中，作为电源引入开关或异步电动机控制开关使用。HZ10 系列用于不频繁地接通或分断电气控制线路。HZ15 系列是在 HZ10 系列基础上的改进型产品。

以 HZ10 系列组合开关为例说明组合开关型号的组成及其含义。

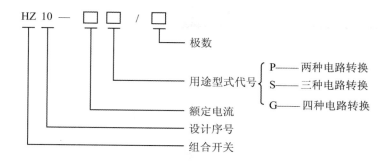

四、组合开关的主要技术参数

根据组合开关型号可从设备手册查阅更多技术参数。表征组合开关性能的主要技术参数如下。

（1）额定电压。指在规定条件下，开关在长期工作中能承受的最高电压。

（2）额定电流。指在规定条件下，开关在合闸位置允许长期通过的最大工作电流。

（3）通断能力。指在规定条件下，在额定电压下能可靠接通和分断的最大电流值。

（4）机械寿命。指在需要修理或更换机械零件前所能承受的无载操作次数。

（5）电寿命。指在规定的正常工作条件下，不需要修理或更换零件的情况下，带负载操作的次数。

HZ10 系列组合开关的主要技术数据见表 1-2-2。

表 1-2-2　HZ10 系列组合开关的主要技术数据

型号	额定电压/V	额定电流/A	极数	极限操作电流/A		可控制电动机最大容量和额定电流		在额定电压、电流下通断次数	
				接通	分断	最大容量/kW	额定电流/A	交流	
								≥0.8 A	≥0.3 A
HZ10-10	交流380	6	单极	94	62	3	7	20 000	10 000
				155	108				
HZ10-25		10	2，3					10 000	5 000
		25							
HZ10-60		60				5.5	12		
HZ10-100									
		100							

五、 组合开关的常见故障及检修方法

组合开关的常见故障及检修方法见表1-2-3。

表 1-2-3　组合开关的常见故障及检修方法

故障现象	可能的原因	检修方法
手柄转动后，内部触点未动	1. 手柄上的轴孔磨损变形 2. 绝缘杆变形(由方形磨为圆形) 3. 手柄与轴，或轴与绝缘杆配合松动 4. 操作机构损坏	1. 调换手柄 2. 更换绝缘杆 3. 紧固松动部件 4. 修理更换
手柄转动后，动、静触点不能按要求动作	1. 组合开关型号选用不正确 2. 触点角度装配不正确 3. 触点失去弹性或接触不良	1. 更换开关 2. 重新装配 3. 更换触点或清除氧化层或尘污
接线柱间短路	因铁屑或油污在接线间，形成导电层，将胶木烧焦，绝缘损坏而形成短路	更换开关

➡ 思考与练习

一、填空题

1. 组合开关又称为_____，是由多组相同结构的_____组件叠装而成的多回路控制电器，靠_____来实现线路的转换。

2. 某一元器件的型号规格为 HZ10-60/3 中，60 代表_____。

二、简答题

1. 简述组合开关在电路中的作用。

2. 说明组合开关 HZ10-25/2 型号的含义。

➡ 任务评价

经过学习之后，请学生填写任务评价表，见表1-2-4。

表 1-2-4　组合开关的识别与选用任务评价表

任务内容	评分标准	配分	得分
绘制组合开关符号	图形及文字符号	10分	
选择组合开关	按要求选择合适的组合开关	15分	

续表

任务内容	评分标准	配分	得分
检测组合开关	检测组合开关的质量	15分	
安装组合开关	合理安装固定组合开关	15分	
排除组合开关故障	分析故障原因并提出对应的处理方法（每项5分）	25分	
仪表使用规范	使用万用表正确，读数准确	10分	
安全文明操作	根据安全操作要求和文明生产的要求视情况加分	10分	

任务 3　低压断路器的识别与选用

➡ 场景描述

在家中的配电箱和很多控制柜（图 1-3-1）中，经常会看到和刀开关、组合开关一样带有手动操作柄的电器元件，这种元件称为低压断路器，也称为自动空气开关。它除了具有一般开关接通电源的功能外，还能够在电路中发生短路、过载和欠压等故障时，自动切断电路，保护线路和电气设备。

低压断路器是如何工作的？如何选用和安装？让我们一起去认识这个新元件。

图 1-3-1　配电箱及控制柜

➡ 任务描述

认识常见的低压断路器，明确低压断路器的型号含义，了解低压断路器的主要技术参数，能规范绘制低压断路器的图形及文字符号，能根据实际情况选择低压断路器，并按要求进行正确安装。会对低压断路器的质量进行检测，能根据故障现象，找出故障原因并排除。

⊙ 实践操作

1. 认识低压断路器

识别下列低压断路器，外形如图 1-3-2 所示。

（a）DZ47系列　　（b）DZ108系列　　（c）DZ20系列　　（d）DW45系列
三相断路器　　　塑壳式断路器　　　断路器　　　　万能式断路器

图 1-3-2　常用断路器的外形

2. 绘制低压断路器的图形及文字符号

低压断路器的图形及文字符号，如图 1-3-3 所示。

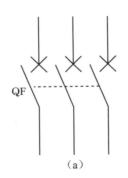 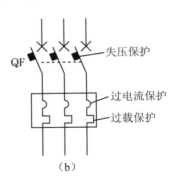

图 1-3-3　低压断路器的图形及文字符号

不同断路器的保护是不同的，使用时应根据需要选用。在图形符号中也可以标注其保护方式，如图 1-3-3(b)所示，断路器图形符号中标注了失压、过电流、过载 3 种保护方式。

3. 低压断路器的选用

(1)断路器的类型应根据使用场合和保护要求来选择。例如，一般选用塑壳式；短路电流很大时选用限流型；额定电流比较大或有选择性保护要求时选用框架式；控制和保护含有半导体器件的直流电路时应选用直流快速断路器等。

断电路，所以熔断器用于短路保护。另外，由于在用电设备过载时，通过熔体的过载电流能积累热量，当用电设备连续过载一定时间后，熔体积累的热量也能使其熔断，所以熔断器也可作过载保护。

二、 熔断器的结构

熔断器一般由熔体和安装熔体的熔管或熔座两部分组成。常用的低压熔断器有插入式、螺旋式、无填料封闭管式、填料封闭管式等，如 RCI、RLI、RTO 系列等。它们具有结构简单、维护方便、价格便宜、体小量轻的优点。常用熔断器的结构示意图如图 1-4-9 所示。

微课视频

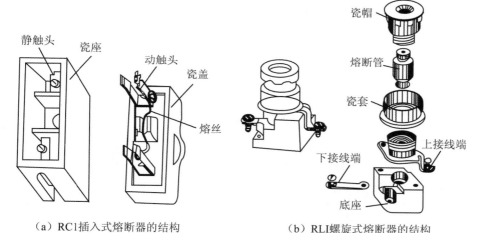

（a）RC1插入式熔断器的结构　　（b）RLI螺旋式熔断器的结构

图 1-4-9　熔断器结构示意图

三、 熔断器的型号

熔断器的型号标志组成及其含义如下。

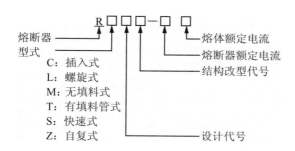

四、熔断器的主要技术参数

熔断器的主要技术参数有额定电压、额定电流和极限分断能力。

RL 和 RT 系列熔断器的主要技术参数见表 1-4-1 和表 1-4-2。

表 1-4-1　RL 系列熔断器的主要技术参数

型　号	额定电压/V	额定电流/A		分断能力/kA
		熔　断　器	熔　　体	
RL6—25	～500	25	2，4，6，10，20，25	50
RL6—63		63	35，50，63	
RL6—100		100	80，100	
RL6—200		200	125，160，200	
RLS2—30	～500	30	16，20，25，30	50
RLS2—63		63	32，40，50，63	
RLS2—100		100	63，80，100	

表 1-4-2　RT 系列熔断器的主要技术参数

型　号	额定电压/V	额定电流/A		分断能力/kA
		熔断器	熔　　体	
RT12—20	～415	20	2，4，6，10，15，20	80
RT12—32		32	20，25，32	
RT12—63		63	32，40，50，63	
RT12—100		100	63，80，100	
RT14—20	～380	20	2，4，6，10，16，20	100
RT14—32		32	2，4，6，10，16，20，25，32	
RT14—63		63	10，16，20，25，32，40，50，63	

五、熔断器的常见故障及检修方法

熔断器的常见故障及检修方法见表 1-4-3。

表 1-4-3 熔断器的常见故障及其检修方法

故障现象	产生原因	处理方法
电动机启动瞬间熔体即熔断	1. 熔体规格选择太小 2. 负载侧短路或接地 3. 熔体安装时损伤	1. 调换适当的熔体 2. 检查短路或接地故障 3. 调换熔体
熔丝未熔断但电路不通	1. 熔体两端或接线端接触不良 2. 熔断器的螺帽盖未旋紧	1. 清扫并旋紧接线端 2. 旋紧螺帽盖

⊙ 思考与练习

1. 熔断器主要由_____和安装熔体的_____组成。

2. 熔断器是低压配电网络和电力拖动系统中用作_____的电器，使用时_____在被保护的电路中。

3. 熔断器串接在电路中主要作_____。

4. 常用熔断器有很多种，RL 是_____熔断器；RT 是_____熔断器；RZ 是_____熔断器；RM 是无填料式熔断器；RS 是_____熔断器；RC 是瓷插式熔断器。

5. RL1 系列螺旋式熔断器属于_____式熔断器。

⊙ 任务评价

经过学习之后，请学生填写任务评价表，见表 1-4-4。

表 1-4-4 熔断器的识别与选用任务评价表

任务内容	评分标准	配分	得分
绘制熔断器符号	图形及文字符号	10 分	
选择熔断器	按要求选择合适的熔断器	15 分	
检测熔断器	检测熔断器的质量	15 分	
安装熔断器	合理安装固定熔断器	15 分	
排除熔断器故障	分析故障原因并提出对应的处理方法(每项 5 分)	25 分	
正确使用仪表	万用表使用正确，读数准确	10 分	
安全文明操作	安全、规范、文明操作(视情况加分)	10 分	

项目二
低压主令电器识别与选用

→ 学习目标

1. 了解常用低压主令电器的种类，明确相关低压主令电器的作用。

2. 掌握相关低压主令电器的图形及文字符号。

3. 能根据需要选取和安装低压主令电器。

4. 会正确使用万用表对相关低压主令电器进行检测。

5. 养成良好的职业习惯，安全规范操作，器件轻拿轻放，不带电操作，按参数进行检测与使用，防止摔坏、烧坏器件。

⊙ 阅读资料

　　北京时间 2022 年 7 月 24 日 14 时 22 分，随着 01 指挥员喊出"点火"口令，担任此次发控台负责人的刘巾杰稳稳地按下了红色"点火"按钮，搭载问天实验舱的长征五号 B 遥三运载火箭在文昌航天发射场准时点火发射。在航天界，这个最后按下红色按钮的人被称为"金手指"，今天 33 岁的刘巾杰，是文昌发射场发控台迎来的第一位女性"金手指"。"金手指"所负责的发控台，是火箭控制系统的核心中枢，有 100 多个按钮，每一个按钮都代表一个控制指令。四个显示器上有近 300 个参数和状态灯，每个参数代表了前端不同设备的状态。在此次问天舱发射任务中，为了满足与空间站组合体交会对接的需求，长征五号 B 火箭为"零窗口"发射。相比较自动点火而言，"金手指"手动点火可以更加灵活地控制火箭发射前的流程，并且完全符合发射所需要的时间精度。这次发射任务是刘巾杰第一次担任"金手指"，为了这轻轻一按，她已经准备了 7 年。

⊙ 思考与练习

一、填空题

　　1. 主令电器是电气自动控制系统中用于_____的电器，常见主令电器有_____、主令控制器、_____、万能转换开关、接近开关等。

　　2. 主令电器主要用来接通和分断_____电路，不能用来分合_____电路。

　　3. 按钮是一种最常用的_____电器，主要用于接通或断开_____电路，以使接触器、继电器、电磁阀等电器的_____通电或断电，达到控制这些电器的目的。

　　4. 按钮的触点允许通过的电流较_____，一般不超过_____A。

　　5. 按下复合按钮时常开触点_____，常闭触点_____。

　　6. 按钮按不受外力作用（即静态）时触点的分合状态，分为_____、_____和复合按钮。_____通常用作停止按钮。

二、简答题

　　说明按钮 LA4—3H 型号中各符号的含义。

⊙ 任务评价

　　经过学习之后，请学生填写任务评价表，见表 2-1-6。

表 2-1-6 按钮的识别与选用任务评价表

任务内容	评分标准	配分	得分
绘制按钮符号	图形及文字符号	10 分	
选择按钮	按要求选择合适的按钮	15 分	
检测按钮	检测按钮的质量	15 分	
安装按钮	合理安装固定按钮	15 分	
排除按钮故障	分析故障原因并提出对应的处理方法(每项 5 分)	25 分	
正确使用仪表	万用表使用正确,读数准确	10 分	
安全文明操作	安全、规范、文明操作	10 分	

任务 2 行程开关的识别与选用

场景描述

在日常生活中,当打开冰箱门时,冰箱内照明灯就会自动点亮(图 2-2-1),而关上门就又熄灭了。这是因为门框上有个开关,被门压紧时灯的电路断开,门一开就放松了,于是自动把电路闭合使灯点亮。这个开关就是行程开关。

在电梯的控制电路中,也利用行程开关来控制自动开关门的限位,上、下限位保护。

图 2-2-1 行程开关在冰箱门上的应用

此外还有电动卷帘门、栅门、自动车位锁等,如图 2-2-2 所示。由于安装了行程开关,当门或锁到达预定位置后,行程开关会切断电机电源,实现门或车锁的自动开关。

图 2-2-2 行程开关在自动门锁系统中的应用

机床上也有很多这样的行程开关，用来控制运动部件的行程或定位，避免运动部件超出行程范围发生事故。有时利用行程开关使被控运动部件在规定的两个位置之间移动，实现限位控制。例如，自动运料的小车到达终点碰着行程开关小车停止，接通了翻车机构，就把车里的物料翻倒出来，然后退回到起点。到达起点之后，又碰着起点的行程开关，小车再次停止，把装料机构的电路接通，开始自动装车，装车后再向卸料的终点移动。这样循环下去，就成了一套自动生产线，用不着人管，夜以继日地工作，节省了人的体力劳动。

实验室中用的实训设备中，也用到了这样的行程开关。试试在图 2-2-3 所示的电机控制及仪表照明电路实训设备中找出行程开关。

图 2-2-3　电机控制及仪表照明电路实训设备

⊙ 资料拓展

随着我国智能自动化水平的不断提高，工业的迅速发展，自动化流水生产线在我国工业方面的应用也越来越广泛，一些企业正在用自动化流水生产线代替普通流水生产线。实施产业基础再造工程和重大技术装备攻关工程，支持专精特新企业发展，推动制造业高端化、智能化、绿色化发展。

⊙ 任务描述

认识常见的行程开关，明确行程开关的型号含义，了解行程开关的主要技术参数，能规范绘制行程开关的图形及文字符号，能根据实际情况选择行程开关，并按要求进行正确安装，会对行程开关的质量进行检测，能根据故障现象，找出故障原因并排除。

⊙ 实践操作

1. 认识常用的行程开关

识别下列行程开关，外形如图 2-2-4 所示。

（a）直动式　　　（b）单滚轮式　　　（c）双滚轮式　　　（d）微动式

图 2-2-4　常见行程开关的外形

2. 绘制行程开关的图形及文字符号

行程开关的图形、文字符号如图 2-2-5 所示。

（a）常开触点　　　　　（b）常闭触点　　　　　（c）复合触点

图 2-2-5　行程开关的图形及文字符号

3. 行程开关选用

行程开关在选用时，应根据不同的使用场合，满足额定电压、额定电流、复位方式和触点数量等方面的要求。

（1）根据应用场合及控制对象选择种类。

（2）根据控制要求确定触点的数量和复位方式。

（3）根据控制回路的额定电压、各电流选择系列。

（4）根据安装环境确定开关的防护形式，如开启式或保护式。

实录视频

4. 行程开关的检测

（1）目测外观。检查行程开关外观是否完好。

（2）手动检测。按动行程开关的顶杆，看动作是否灵活，并观察行程开关的触点，尝试区分常开和常闭触点。

（3）万用表检测。用万用表检查行程开关的常开和常闭触点工作是否正常。

①万用表调零。把万用表拨在 Ω 档 R×10 档上，红、黑表笔对接调零。

②常闭触点的检测。将红、黑两表笔分别放在行程开关一对触点的两接线端，万用表指针指向"0"，如图 2-2-6(a)所示；按下顶杆时，万用表指针由"0"指向"∞"，如图 2-2-6(b)所示，说明此对触点为常闭触点。

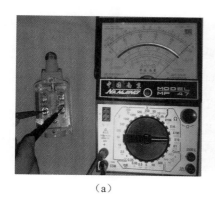 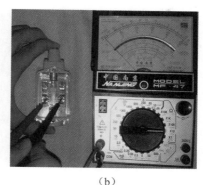

（a）　　　　　　　　　　　　　　　（b）

图 2-2-6　行程开关常闭触点的检测

③常开触点的检测。将万用表红、黑两表笔分别放在行程开关的另一对触点的两接线端，万用表指针指向"∞"，如图 2-2-7(a)所示；按下顶杆时，万用表指针由"∞"指向"0"，如图 2-2-7(b)所示，则说明此对触点为常开触点。

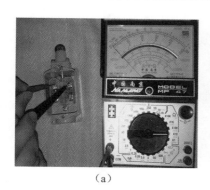 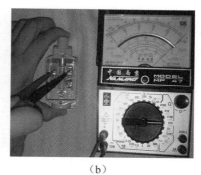

（a）　　　　　　　　　　　　　　　（b）

图 2-2-7　行程开关常开触点的检测

5. 行程开关的安装

(1)安装时要紧固在安装板和机械设备上，不得有晃动现象。

(2)安装位置要准确，否则不能达到行程控制和限位控制的目的。

(3)应定期检查，以免触点接触不良而达不到行程和限位控制的目的。

6. 排除行程开关常见故障

在实际使用时，出现行程开关复位后常闭触点不能闭合的现象，应及时分析产生故障的原因并排除故障，见表 2-2-1。

表 2-2-1 行程开关故障及处理方法

故障现象	可能原因	处理方法
行程开关复位后，常闭触点不能闭合	触杆被杂物卡住	清扫开关
	动触点脱落	重新调整动触点
	弹簧弹力减退或被卡住	调换弹簧
	触点偏斜	调换触点

⊙ 手脑并用

在项目引入场景中，我们提到了行程开关在冰箱门自动开关灯中的应用，试着画一下冰箱门自动亮灯的电路，并用行程开关、发光二极管及电源导线等模拟冰箱门的开关过程。

⊙ 操作训练

1. 在镗床实训设备中找到行程开关，识别其类型，并说明各个行程开关的作用。

2. 某车间的行走大车不能正常运行，只能单方向行走，反方向不正常，试故障分析原因。

3. 找出行程开关在日常生活中的其他应用(如洗衣机、录音机等)。

⊙ 知识链接

微课视频

一、 行程开关的定义及作用

行程开关又称限位开并或位置开关，是一种利用生产机械的某些运动部件的碰撞来发出控制指令的主令电器。用于控制生产机械的运动方向、行程大小和位置保护等。

二、 行程开关的结构及动作原理

1. 行程开关的结构

各种系列的行程开关其基本结构大体相同，都是由操作头、触点系统和外壳组成的，其结构如图 2-2-8 所示。

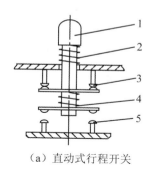
（a）直动式行程开关

1. 顶杆 2. 弹簧 3. 常闭触点

4. 触点弹簧 5. 常开触点

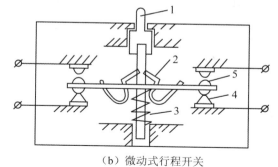
（b）微动式行程开关

1. 推杆 2. 弹簧 3. 压缩弹簧

4. 动断触点 5. 动合触点

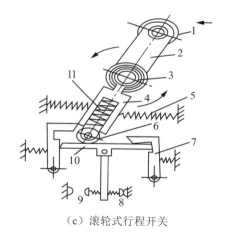
（c）滚轮式行程开关

1. 滚轮 2. 上转臂 3、5、11. 弹簧 4. 套架

6. 滑轮 7. 压板 8、9. 触点 10. 横板

图 2-2-8 行程开关结构示意图

2. 行程开关的动作原理

（1）直动式行程开关。其动作原理与控制按钮类似，不同的是按钮是手动，而行程开关则是运动部件的撞块碰撞。当外界运动部件上的撞块碰压行程开关的推杆使其触点动作，当运动部件离开后，在弹簧作用下，其触点自动复位。直动式行程开关的优点是结构简单、成本较低，缺点是触点的分合速度取决于生产机械的运行速度，不宜用于速度低于 0.4 m/min 的场所。若撞块移动太慢，则触点就不能瞬时切断电路，

电弧在触点上停留时间过长，易于烧蚀触点。

(2)滚动式行程开关。当运动机械上的挡铁(撞块)压到行程开关的滚轮上时，传动杠杆连同转轴一同转动，使凸轮推动撞块，当撞块碰压到一定位置时，推动微动开关快速动作。当滚轮上的挡铁移开后，复位弹簧就使行程开关复位，这是单轮自动复位式行程开关。而双轮旋转式行程开关不能自动复位，它是依靠运动机械反向移动时，挡铁碰撞另一滚轮使其复位。

三、 常用行程开关型号及主要技术参数

1. 行程开关型号含义

常用行程开关型号的意义如下。

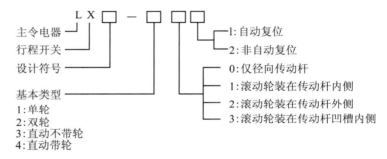

2. 行程开关主要技术参数

行程开关的主要技术参数有额定电压、额定电流、触点数量、动作行程、触点转换时间、动作力等，见表 2-2-2。

表 2-2-2 常用行程开关的主要技术参数

型号	额定电压/V	额定电流/A	结构形式	常开触点对数	常闭触点对数	工作行程	超行程
LX19K	交流 380 直流 220	5	元件	1	1	3 mm	1 mm
LX19—001	交流 380 直流 220	5	无滚轮，仅用传动杆，能自复位	1	1	<4 mm	>3 mm
LXKl9—111	交流 380 直流 220	5	单轮，滚轮装在传动杆内侧，能自动复位	1	1	～30°	～20°

续表

型号	额定电压/V	额定电流/A	结构形式	常开触点对数	常闭触点对数	工作行程	超行程
LX19—121	交流 380 直流 220	5	单轮，滚轮装在传动杆外侧，能自动复位	1	1	～30°	～20°
LX19—131	交流 380 直流 220	5	单轮，滚轮装在传动杆凹槽内	1	1	～30°	～20°
LX19—212	交流 380 直流 220	5	双轮，滚轮装在 U 形传动杆内侧，不能自动复位	1	1	～30°	～15°
LX19—222	交流 380 直流 220	5	双轮，滚轮装在 U 形传动杆外侧，不能自动复位	1	1	～30°	～15°
LX19—232	交流 380 直流 220	5	双轮，滚轮装在 U 形传动杆内外侧各一，不能自动复位	1	1	～30°	～15°
JLXK1—111	交流 500	5	单轮防护式	1	1	12°～15°	≤30°
JLXK1—211	交流 500	5	双轮防护式	1	1	～45°	≤45°
JLXK1—311	交流 500	5	直动防护式	1	1	1～3 mm	2～4 mm
JLXK1—411	交流 500	5	直动滚轮防护式	1	1	1～3 mm	2～4 mm

四、行程开关的故障处理

行程开关常见故障及处理方法见表 2-2-3。

表 2-2-3　行程开关常见故障及处理方法

故障现象	可能原因	处理方法
挡铁碰撞开关后触点不动作	开关位置安装不合适	调整开关位置
	触点接触不良	清洁触点
	触点连接线脱落	紧固连接线

续表

故障现象	可能原因	处理方法
行程开关复位后，常闭触点不能闭合	触杆被杂物卡住	清扫开关
	动触点脱落	重新调整动触点
	弹簧弹力减退或被卡住	调换弹簧
	触点偏斜	调换触点
杠杆偏转后触点未动	行程开关位置太低	将开关向上调到合适位置
	机械卡阻	打开后盖清扫开关

思考与练习

1. 行程开关是一种利用生产机械的某些运动部件的碰撞来发出控制指令的主令电器，即可以将_____信号转换为_____信号的自动控制电器。

2. 行程开关的触点动作是通过_____来实现的。

3. 常用的行程开关有_____、_____和微动式行程开关。

任务评价

经过学习之后，请填写任务评价表，见表 2-2-4。

表 2-2-4　行程开关的识别与选用任务评价表

任务内容	评分标准	配分	得分
绘制行程开关符号	图形及文字符号	10 分	
选择行程开关	按要求选择合适的行程开关	15 分	
检测行程开关	检测行程开关的质量	15 分	
安装行程开关	合理安装固定行程开关	15 分	
排除行程开关故障	分析故障原因并提出对应的处理方法(每项 5 分)	25 分	
仪表使用规范	万用表使用正确，读数准确	10 分	
安全文明操作	安全、规范、文明操作(视情况加减分)	10 分	

项目三

低压控制电器识别与选用

→ 学习目标

1. 了解常用低压控制电器的种类，明确相关低压控制电器的作用。

2. 掌握相关低压控制电器的图形及文字符号。

3. 会正确使用万用表对相关低压控制电器进行检测。

4. 能根据需要选取和安装低压主令电器。

5. 养成良好的职业习惯，安全规范操作，器件轻拿轻放，不带电操作，按参数进行检测与使用，防止摔坏、烧坏器件。

任务1 接触器的识别与选用

场景描述

在实际的工业控制和自动控制系统的电气控制中,有一种必不可少的控制元件——交流接触器。在电路中,交流接触器就像设备的"遥控器"一样,它通过自身流过的电信号"发号施令",控制与它相连的设备完成相应的动作。设备的动作越多,需要的交流接触器也就越多。

显然,一个复杂的控制系统,往往需要多个交流接触器。图3-1-1为数控配电箱。让我们一起来看看这样一个小小的元件是如何实现这么强大的功能的。

图3-1-1 数控配电箱

任务描述

认识常见的交直流接触器;明确交流接触器的型号含义;了解交流接触器的主要技术参数;能规范绘制交流接触器的图形及文字符号;能根据实际情况选择交流接触器;会对交流接触器的质量进行检测,并按要求进行正确安装;能根据故障现象,找出故障原因并排除。

→ **实践操作**

1. 认识常用的交流接触器

识别交流接触器，外形如图 3-1-2 所示。

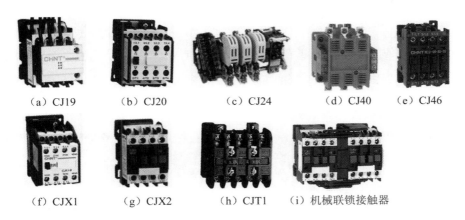

（a）CJ19　　（b）CJ20　　　（c）CJ24　　　（d）CJ40　　（e）CJ46

（f）CJX1　　（g）CJX2　　（h）CJT1　　（i）机械联锁接触器

图 3-1-2　常用交流接触器的外形

2. 绘制交流接触器的图形及文字符号

交流接触器的图形及文字符号，如图 3-1-3 所示。

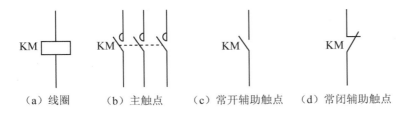

（a）线圈　　（b）主触点　　（c）常开辅助触点　　（d）常闭辅助触点

图 3-1-3　交流接触器的图形及文字符号

3. 交流接触器选用

(1)根据电路中负载电流的种类选择接触器的类型。

(2)接触器的额定电压应大于或等于负载回路的额定电压。

(3)吸引线圈的额定电压应与所接控制电路的额定电压等级一致。

(4)额定电流应大于或等于被控主回路的额定电流。

4. 交流接触器的检测

在使用交流接触器之前，应进行必要的检测。

微课视频

检测的内容包括：电磁线圈是否完好；对结构不甚熟悉的交流接触器，应区分出电磁线圈、常闭触点和常开触点的位置及质量好坏。

检测步骤如下：

(1)万用表调零。如图 3-1-4 所示，将万用表拨至 Ω 档 R×100 档，然后将红、黑表笔短接，通过刻度盘左下方的调零旋钮将指针调整到 Ω 档的零刻度。

(2)线圈的检测。将红、黑表笔分别放在 A1 和 A2 两接线柱上，测量电磁线圈电阻，此时万用表指针应指示交流接触器线圈的电阻值(几十欧至几千欧)，如图 3-1-5 所示。若电阻为"0"，则说明线圈短路；若电阻为"∞"，则说明线圈断路。

图 3-1-4　万用表调零　　　　　　　　图 3-1-5　交流接触器线圈的检测

(3)主触点检测。将万用表红、黑表笔分别放在 L1、T1 接线柱上，万用表指针指向电阻"∞"，如图 3-1-6(a)所示；强制按下交流接触器衔铁或给其线圈通电，则万用表指针由"∞"指向"0"，如图 3-1-6(b)所示。说明此对主触点完好。

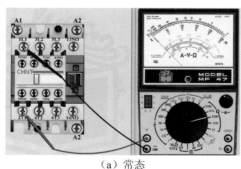 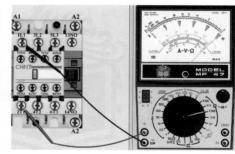

（a）常态　　　　　　　　　　　　（b）按下衔铁或通电

图 3-1-6　交流接触器主触点的检测

同样的方法检测交流接触器其他两对主触点 L2、T2 和 L3、T3。

（4）常开辅助触点检测。将万用表红、黑表笔分别放在一对常开辅助触点53NO-54NO 或 83NO-84NO 的两个接线柱上，当接触器的线圈不通电或没有强制按下交流接触器衔铁时，万用表指针指示电阻应为"∞"，如图3-1-7（a）所示；万用表两表笔不动，强制动作交流接触器或给其线圈通电，则万用表指针指示电阻应为"0"，如图 3-1-7（b）所示。此对触点正常，否则有故障。

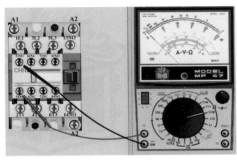 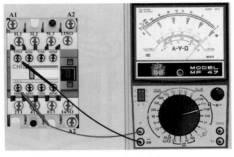

（a）常态　　　　　　　　　　　（b）按下衔铁或通电

图 3-1-7　交流接触器常开辅助触点的检测

（5）常闭辅助触点检测。将万用表红、黑表笔分别放在一对常闭辅助触点 61NC-62NC 的两个接线柱上，当接触器的线圈未通电或未强制按下交流接触器衔铁时，万用表指针指示电阻应为"0"，如图 3-1-8（a）所示；万用表两表笔不动，强制按下交流接触器衔铁或给其线圈通电，则万用表指针指示电阻应为"∞"，如图 3-1-8（b）所示，交流接触器此对常闭辅助触点正常。同样方法测量另一对常闭辅助触点 71NC-72NC。

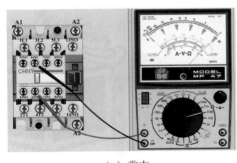 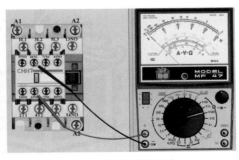

（a）常态　　　　　　　　　　　（b）按下衔铁或通电

图 3-1-8　交流接触器常闭辅助触点的检测

5. 交流接触器的安装

（1）安装固定轨道，将交流接触器安装在轨道上。

（2）安装时应垂直安装，倾斜角不得超过 5°，并按规定留有适当的飞弧空间，以免飞弧烧坏相邻器件。

（3）交流接触器吸合、断开时振动比较大，在安装时尽量不要和振动要求比较严格的电气设备安装在一个柜子里，否则要采用防振措施。交流接触器一般尽量安装在柜子下部。

（4）交流接触器的安装环境要符合产品要求，安装尺寸应该符合电气安全距离、接线规程，而且要检修方便。

6. 交流接触器的故障处理

工作过程中，给交流接触器线圈加上电压，如果出现线圈过热或烧毁的现象，应及时分析产生故障的可能原因，并排除故障，见表 3-1-1。

表 3-1-1　交流接触器故障及处理方法

故障现象	产生原因	处理方法
线圈过热或烧毁	1. 线圈匝间短路 2. 操作频率过高 3. 线圈参数与实际使用条件不符 4. 铁心机械卡阻	1. 更换线圈并找出故障原因 2. 调换合适的接触器 3. 调换线圈或接触器 4. 排除卡阻物

→ 知识窗

直流接触器应用于直流电力线路中，供远距离接通与分断电路及直流电动机的频繁启动、停止、反转或反接制动控制，以及 CD 系列电磁操作机构合闸线圈或频繁接通和断开电磁铁、电磁阀、离合器和电磁线圈等。

直流接触器的动作原理与交流接触器相似，但直流分断时感性负载存储的磁场能量瞬时释放，断点处产生高能电弧，因此要求直流接触器具有一定的灭弧功能。中/大容量直流接触器常采用单断点平面布置整体结构，其特点是分断时电弧距离长，灭弧罩内含灭弧栅。小容量直流接触器采用双断点立体布置结构。常用直流接触器有 CZ18、CZ21、CZ22 和 CZ0 系列等。常用直流接触器外形如图 3-1-9 所示。

图 3-1-9　直流接触器外形图

直流接触器的型号意义如下。

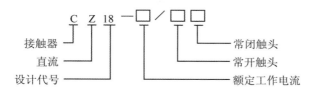

➔ 操作训练

1. 检测交流接触器线圈时，若线圈完好，万用表指针应指示线圈的电阻值（几十欧至几千欧），若万用表指示电阻值为"0"或"∞"，则线圈产生了什么故障？

2. 交流接触器频繁操作后线圈为什么会过热？其衔铁卡住后会出现什么后果？

➔ 知识链接

一、接触器的定义及作用

1. 接触器的定义

接触器是用于远距离频繁地接通和切断交直流主电路及大容量控制电路的一种自动控制电器。

2. 交流接触器的作用

交流接触器的主要控制对象是电动机，也可以用于控制其他电力负载、电热器、电照明、电焊机与电容器组等。

二、交流接触器的结构及工作原理

1. 交流接触器的结构

交流接触器在结构上主要由以下几组部件组成：电磁机构、触点系统、灭弧装置，还有其他部件，包括反作用弹簧、缓冲弹簧、触点压力弹簧、传动机构及外壳等。交流接触器的结构如图 3-1-10 所示。

2. 交流接触器的工作原理

当交流接触器的电磁线圈接通电源时，线圈电流产生磁场，当施加在线圈上的交流电压大于线圈额定电压值的 85% 时，使静铁心产生足以克服弹簧反作用力的吸力，将动铁心向下吸合，使常开主触点和常开辅助触点闭合，常闭辅助触点断开。主触点将主电路接通，辅助触点则接通或分断与之相联的控制电路。当接触器线圈断电时或

当线圈中的电压值降到某一数值时，铁心中的磁通下降，吸力减小到不足以克服复位弹簧的拉力时，动铁心在反作用弹簧力的作用下复位，各触点也随之复位。

注意： 使用接触器可以实现由小电流低电压信号控制大电流电路通断的目的。

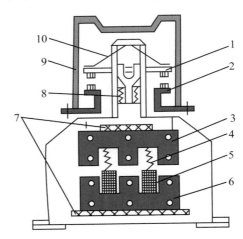

图 **3-1-10** 交流接触器的结构示意图

1. 动触点　2. 静触点　3. 衔铁　4. 弹簧　5. 线圈　6. 铁心
7. 垫毡　8. 触点弹簧　9. 灭弧罩　10. 触点压力弹簧

➔ 资料拓展

我国古代在电磁学方面取得了骄人成就。中国是最早对电磁现象进行研究和应用的国家，指南针的发明促进了世界航海事业的发展和人类文明交流。我们要拓展世界眼光，深刻洞察人类发展进步潮流，积极回应各国人民普遍关切，为解决人类面临的共同问题作出贡献，以海纳百川的宽阔胸襟借鉴吸收人类一切优秀文明成果，推动建设更加美好的世界。

三、 常用交流接触器的型号

目前我国常用的交流接触器主要有 CJ10、CJ20、CJX1、CJX2 等系列。

CJT1 系列交流接触器的型号组成及其含义如下。

CJX2 系列交流接触器的型号组成及其含义如下。

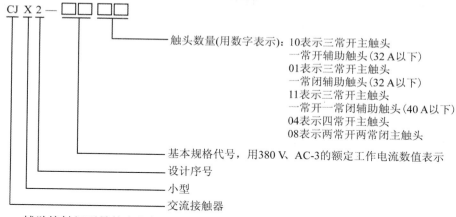

触头数量(用数字表示)：10表示三常开主触头
一常开辅助触头(32 A以下)
01表示三常开主触头
一常闭辅助触头(32 A以下)
11表示三常开主触头
一常开一常闭辅助触头(40 A以下)
04表示四常开主触头
08表示两常开两常闭主触头

基本规格代号，用380 V、AC-3的额定工作电流数值表示
设计序号
小型
交流接触器

辅助接触组型号的含义如下。

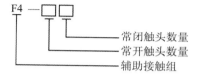

常闭触头数量
常开触头数量
辅助接触组

四、接触器的主要技术参数

(1)额定电压。接触器铭牌上标注的额定电压是指主触点的额定电压。

(2)额定电流。接触器铭牌上标注的额定电流是指主触点的额定电流。

(3)线圈的额定电压。选用时一般交流负载用交流接触器，直流负载用直流接触器，但交流负载频繁动作时可采用直流线圈的交流接触器。

(4)接通和分断能力。主触点在规定条件下能可靠地接通和分断的电流值。在此电流值下，接通时主触点不应发生熔焊；分断时主触点不应发生长时间燃弧。若超出此电流值，其分断则是熔断器、自动开关等保护电器的任务。

(5)额定操作频率。指每小时的操作次数。交流接触器最高为 600 次/时。而直流接触器最高为 1 200 次/时。操作频率直接影响到接触器的电寿命和灭弧罩的工作条件，对于交流接触器还影响到线圈的温升。

五、接触器的常见故障及检修方法

交流接触器的常见故障及检修方法见表 3-1-2。

表 3-1-2　交流接触器的常见故障及处理方法

故障现象	产生原因	处理方法
接触器不吸合或吸不牢	1. 电源电压过低 2. 线圈断路 3. 线圈技术参数与使用条件不符 4. 铁心机械卡阻	1. 调高电源电压 2. 调换线圈 3. 调换线圈 4. 排除卡阻物
线圈断电,接触器不释放或释放缓慢	1. 触点熔焊 2. 铁心表面有油污 3. 触点弹簧压力过小或复位弹簧损坏 4. 机械卡阻	1. 排除熔焊故障,修理或更换触点 2. 清理铁心极面 3. 调整触点弹簧力或更换复位弹簧 4. 排除卡阻物
触点熔焊	1. 操作频率过高或过负载使用 2. 负载侧短路 3. 触点弹簧压力过小 4. 触点表面有电弧灼伤 5. 机械卡阻	1. 调换合适的接触器或减小负载 2. 排除短路故障更换触点 3. 调整触点弹簧压力 4. 清理触点表面 5. 排除卡阻物
铁心噪声过大	1. 电源电压过低 2. 短路环断裂 3. 铁心机械卡阻 4. 铁心极面有油垢或磨损不平 5. 触点弹簧压力过大	1. 检查线路并提高电源电压 2. 调换铁心或短路环 3. 排除卡阻物 4. 用汽油清洗极面或更换铁心 5. 调整触点弹簧压力
线圈过热或烧毁	1. 线圈匝间短路 2. 操作频率过高 3. 线圈参数与实际使用条件不符 4. 铁心机械卡阻	1. 更换线圈并找出故障原因 2. 调换合适的接触器 3. 调换线圈或接触器 4. 排除卡阻物

→ 思考与练习 ————————————————————————●

1. 接触器选用时,其主触点的额定工作电压应_____或_____负载电路的电压,主触点的额定工作电流应_____或_____负载电路的电流,吸引线圈的额定电压应与控制回路额定电压_____。

2. 接触器按主触点通过电流的种类，分为_____和_____两类。

3. 接触器用于远距离频繁地接通或断开交直流_____电路及大容量_____电路的一种自动开关电器。

4. 交流接触器主要由_____、_____、_____和_____等组成。

5. 当接触器线圈得电时，使接触器_____闭合、_____断开。

6. 交流接触器的额定通断能力是指其主触点在规定条件下可靠地_____的电流值。

7. 指出交流接触器型号含义。

CJX2-1210 _____　　　　F4-22 _____

任务评价

经过学习之后，请填写任务评价表，见表 3-1-3。

表 3-1-3　交流接触器的识别与检测任务评价表

任务内容	评分标准	配分	得分
绘制交流接触器符号	画出交流接触器的图形及文字符号	10 分	
交流接触器选择	按要求选择合适的交流接触器	10 分	
交流接触器检测	检测交流接触器线圈及主辅触点的质量	25 分	
交流接触器的安装	合理安装固定交流接触器	10 分	
交流接触器的故障排除	分析故障原因并提出对应的处理方法（每项加 5 分）	25 分	
正确使用仪表	万用表使用正确，读数准确	10 分	
安全文明操作	安全、规范、文明操作（视情况加分）	10 分	

任务 2　热继电器的识别与选用

场景描述

熔断器在电路中起到短路保护的作用。在电力系统中，除了短路还有一种常见的故障——过载。过载就是负荷过大，超过了设备本身的额定负载，产生的现象是电流过大，用电设备发热。线路长期过载会降低线路绝缘水平，甚至烧毁设备或线路。那么怎样防备过载呢？

在图 3-2-1 所示的电机控制及仪表照明电路实训设备中，交流接触器下面的三个元件就是热继电器，是在电路中起过载保护作用的电器元件。

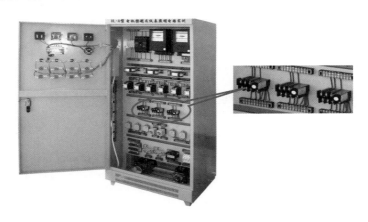

图 3-2-1 机床电器考核实训设备

电动机在实际运行中，常会遇到过载情况，但只要过载不严重、时间短，绕组不超过允许的温升，这种过载是允许的。但如果过载情况严重、时间长，则会加速电动机绝缘的老化，缩短电动机的使用年限，甚至烧毁电动机，因此必须对电动机进行过载保护。尤其在需要设备长时间运行的电路中，必须安装热继电器。图 3-2-2 为有过载保护的电动机正转电路。

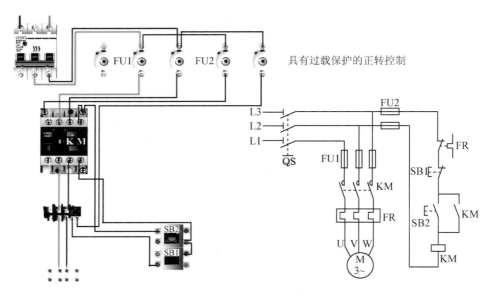

图 3-2-2 有过载保护的电动机正转电路样板图

任务描述

认识常见的热继电器，明确热继电器的型号含义，了解热继电器的主要技术参数，能规范绘制热继电器的图形及文字符号，能根据实际情况选择热继电器，会对热继电器的质量进行检测，并按要求进行正确安装，能根据故障现象，找出故障原因并排除。

实践操作

1. 认识常用的热继电器

识别下列常用的热继电器，外形如图 3-2-3 所示。

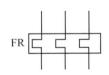

（a）JRS1系列　　（b）JRS2系列　　（c）JR16系列　　（d）JRS5系列

图 3-2-3　常用热继电器的外形

2. 绘制热继电器的图形及文字符号

热继电器的图形及文字符号，如图 3-2-4 所示。

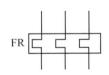

（a）发热元件　　　　（b）常闭触点

图 3-2-4　热继电器的图形、文字符号

3. 热继电器的选用

热继电器主要用于电动机的过载保护，使用中应考虑电动机的工作环境、启动情况、负载性质等因素。具体应按以下几个方面来选择。

(1)热继电器结构形式的选择：Y 接法的电动机可选用两相或三相结构热继电器；

△接法的电动机应选用带断相保护装置的三相结构热继电器。

(2)根据被保护电动机的实际启动时间,选取 6 倍额定电流下具有相应可返回时间的热继电器。一般热继电器的可返回时间大约为 6 倍额定电流下动作时间的 50%~70%。

(3)热元件的额定电流等级一般略大于电机额定电流。一般可按下式确定:

$$I_{N}=(0.95\sim1.05)I_{MN}$$

式中　I_{N}——热元件额定电流;

　　　I_{MN}——电动机的额定电流。

对于工作环境恶劣、启动频繁的电动机,则按下式确定:

$$I_{N}=(1.15\sim1.5)I_{MN}$$

热元件选好后,还需用电动机的额定电流来调整它的整定值。

4. 热继电器的检测

在使用热继电器之前应进行必要的检测。检测的内容包括区分出热元件主接线柱位置及是否完好;区分出常闭触点和常开触点的位置及是否完好。

检测步骤如下:

(1)万用表调零。将万用表拨到 Ω 档 R×10 档,将红、黑表笔短接,通过刻度盘右下方的调零旋钮将指针调整到 Ω 档的零刻度。

(2)热继电器主接线柱(热元件)的检测。将红、黑表笔分别放在热继电器任意两主接线柱上,由于热元件的电阻值较小,几乎为零,所以若测得电阻为"0",说明所测两点为热元件的一对主接线柱,且热元件完好,如图 3-2-5(a)所示,L1-T1 是一对完好的主接线柱;若阻值为"∞",说明这两点不是热元件的一对主接线柱或热元件损坏,如图 3-2-5(b)所示,T2-T3 不是一对主接线柱。

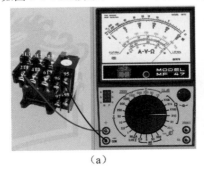
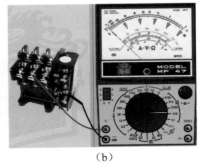

（a）　　　　　　　　　　　　（b）

图 3-2-5　热继电器主接线柱的检测

（3）常闭常开触点的检测。将万用表红、黑表笔放在任意两个触点上。若万用表所测阻值为"0"，说明这是一对常闭触点，如图3-2-6(a)所示，拨动热继电器的机械按钮，指针从"0"指向了"∞"，如图3-2-6(b)所示，确定97-98是一对常闭触点。

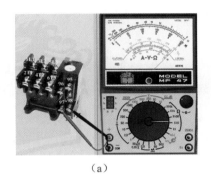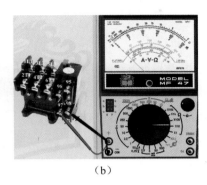

（a）　　　　　　　　　　　（b）

图 3-2-6　热继电器常闭触点的检测

若所测阻值为"∞"，则可能是一对常开触点，如图3-2-7(a)所示，95-96可能是一对常开触点。拨动热继电器的机械按钮，指针从"∞"指向了"0"，如图3-2-7(b)所示，确定95-96是一对常开触点。

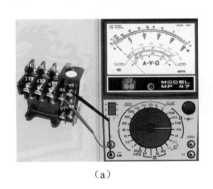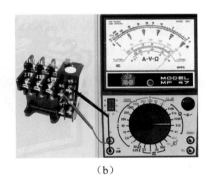

（a）　　　　　　　　　　　（b）

图 3-2-7　热继电器常开触点的检测

5. **热继电器的安装与调试**

（1）热继电器应垂直安装在底板上，并尽可能安装在电器柜的下方，以减少受其他电器发热的影响。

（2）运行前，手动动作机构应正常灵活，手动跳闸后，按动脱扣按钮，应动作灵活复位可靠。

(3)接线时，须拧紧固定螺丝，使导线与热继电器可靠接触。

(4)一般情况下，热继电器出厂时为手动复位，如需要自动复位时，只需将复位螺丝顺时针方向转动，并稍微拧紧即可。如需调回手动复位，则需逆时针转动并拧紧。对于 JR14 型热继电器来说，若需自动复位，只要在电流整定好后，调节旋钮中的复位按钮即可。

(5)热继电器脱扣动作后，如采用手动复位，应在 2 min 以后再复位，若采用自动复位，应在 5 min 以后再投入运行。若时间过短则双金属片不能复位，容易造成热继电器或电路仍然存在故障的假象。

(6)热继电器在被保护电路发生短路故障后，应检查热元件和双金属片有无显著变形，若有显著变形，应更换热继电器。

(7)更换热继电器的电流值应等于或稍大于原来的热继电器电流值，并且两者电流调节范围也要相近。

(8)选择热继电器的整定电流值，应与被保护电动机的额定电流值相同，而且应有上下调节余量。通常使用时，调节旋钮刻度应对准额定电流值，否则将不能起到正确的保护作用。正反转工作及操作频率高的电动机不适合采用热继电器保护，可选择埋入电动机定子的热敏电阻型温度继电器作为过载保护。

6. 热继电器的故障处理

在正常的电动机直接启动电路中，接入热继电器，发现主电路不通，应及时找出产生故障的可能原因，并排除故障，见表 3-2-1。

表 3-2-1　热继电器故障及处理方法

故障现象	产生原因	处理方法
主电路不通	1. 热元件烧毁 2. 接线螺钉未压紧	1. 更换热元件或热继电器 2. 旋紧接线螺钉

→ 经验分享

(1)双金属片式热继电器一般用于轻载、不频繁启动的电动机的过载保护。

(2)对于重载、频繁启动的电动机(如起重机电动机)，由于电动机不断重复升温，热继电器双金属片的温升跟不上电动机绕组的温升，电动机将得不到可靠的过载保护。因此应选用过电流继电器或能反映绕组实际温度的温度继电器来进行保护。

（3）因为热元件受热变形需要时间，故热继电器不能作短路保护。

→ 操作训练 ————————————————————————

一、填空题

1. 热继电器的复位方式有_____和_____。

2. 更换热继电器时，新热继电器的电流值应_____原来热继电器的电流值，并且二者电流调节范围也要相近。

二、简答题

1. 热继电器能否用于短路保护？为什么？

2. 写出热继电器和熔断器的文字符号，你能发现什么？

3. 在镗床实训设备中找到热继电器，识别其类型。

→ 知识链接 ————————————————————————

一、 继电器

1. 继电器的定义

继电器是根据电流、电压、时间、温度和速度等输入信号的变化，接通或断开控制电路，实现自动控制和保护电力装置的自动电器。

2. 继电器与接触器的区别

无论继电器的输入量是电量或非电量，继电器工作的最终目的总是控制触点的分断或闭合，进而控制电路通断。就这一点来说，接触器与继电器是相同的。但是它们又有区别，主要表现在以下两个方面。

（1）所控制的线路不同。接触器用于控制电动机等大功率、大电流电路及主电路；继电器用于控制电信线路、仪表线路、自控装置等小电流电路及控制电路。因此继电器没有灭弧装置，也无主触点和辅助触点之分等。

（2）输入信号不同。继电器的输入信号可以是各种物理量，如电压、电流、时间、压力、速度等，而接触器的输入量只有电压信号或电流信号。

3. 继电器的分类

（1）按输入信号可分为电压继电器、电流继电器、功率继电器、速度继电器、压力继电器、温度继电器等。

（2）按输出形式可分为有触点继电器和无触点继电器。

（3）按用途可分为控制继电器、保护继电器等。

（4）按工作原理可分为电磁式继电器、感应式继电器、电动式继电器、电子式继电器、热继电器等。

（5）按输入量变化形式可分为有无继电器和量度继电器。

有无继电器是根据输入量的"有"或"无"来动作的，无输入量时继电器不动作，有输入量时继电器动作，如中间继电器、通用继电器、时间继电器等。

量度继电器是根据输入量的变化来动作的，工作时其输入量是一直存在的，只有当输入量达到一定值时继电器才动作，如电流继电器、电压继电器、热继电器、速度继电器、压力继电器、液位继电器等。

二、热继电器

1. 热继电器的作用及保护特性

热继电器是一种利用电流的热效应原理使双金属片受热弯曲而推动机构动作来切断电路的保护电器，主要用于电动机过载、断相及电流不平衡的保护及其他电器设备发热状态的控制。

热继电器具有反时限保护特性，即过载电流大，动作时间短；过载电流小，动作时间长。当电动机的工作电流为额定电流时，热继电器应长期不动作。其保护特性见表 3-2-2。

表 3-2-2　热继电器的保护特性

项　号	整定电流倍数	动作时间	试验条件
1	1.05	＞2 h	冷态
2	1.2	＜2 h	热态
3	1.6	＜2 min	热态
4	6	＞5 s	冷态

2. 热继电器的结构及工作原理

热继电器主要由热元件、双金属片和触点组成。图 3-2-8(a)是 JR16 系列热继电器的结构示意图。双金属片是热继电器的感测元件，由两种线膨胀系数不同的金属片用机械碾压而成。线膨胀系数大的称为主动层，小的称为被动层。热元件由发热电阻丝做成。使用时，把热元件串接于电动机定子绕组即主电路中，而常闭触点串接于电动机的控制电路中。电动机正常工作时，热元件产生的热量虽然能使双金属片弯曲，但还不能使继电器动作。当电动机过载时，流过热元件的电流增大，经过一定时间后，双金属片推动导板使继电器触点动作，切断电动机的控制线路。

电动机断相运行是电动机烧毁的主要原因之一，因此要求热继电器还应具备断相保护功能，如图 3-2-8(b)所示，热继电器的导板采用差动机构，在断相工作时，其中两相电流增大，一相逐渐冷却，这样可使热继电器的动作时间缩短，从而更有效地保护电动机。

热继电器动作后一般不能自动复位，要等双金属片冷却后按下复位按钮复位。热继电器动作电流的调节可以借助旋转凸轮于不同位置来实现。

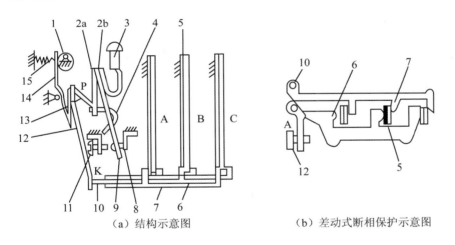

（a）结构示意图　　　　　（b）差动式断相保护示意图

图 3-2-8　JR16 系列热继电器结构示意

1.电流调节凸轮　2a、2b 簧片　3.手动复位按钮　4.弓簧　5.双金属片　6.外导板　7.内导板
8.常闭静触点　9.动触点　10.杠杆　11.调节螺钉　12.补偿双金属片　13.推杆　14.连杆　15.压簧

3. 常用热继电器的型号

常用的热继电器有 JRS1、JR20、JR16、JR15、JR14 等系列，引进产品有 T、3UP、LR1-D 等系列。

热继电器的型号标志组成及其含义如下。

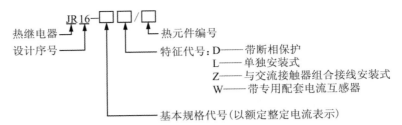

4. 热继电器的主要技术参数

热继电器的主要技术参数包括额定电压、额定电流、相数、热元件编号及整定电流调节范围等。

热继电器的整定电流是指热继电器的热元件允许长期通过又不致引起继电器动作的最大电流值。对于某一热元件，可通过调节其电流调节旋钮，在一定范围内调节其整定电流。

JR16 系列热继电器的主要技术参数见表 3-2-3。

表 3-2-3　JR16 系列热继电器的主要参数

型　　号	额定电流/A	热元件规格	
		额定电流/A	电流调节范围/A
JR16—20/3 JR16—20/3D	20	0.35 0.5 0.72 1.1 1.6 2.4 3.5 5 7.2 11 16 22	0.25～0.35 0.32～0.5 0.45～0.72 0.68～1.1 1.0～1.6 1.5～2.4 2.2～3.5 3.5～5.0 6.8～11 10.0～16 14～22
JR16—60/3 JR16—60/3D	60 100	22 32 45 63	14～22 20～32 28～45 45～63

续表

型　　号	额定电流/A	热元件规格	
		额定电流/A	电流调节范围/A
JR16—150/3 JR16—150/3D	150	63	40～63
		85	53～85
		120	75～120
		160	100～160

5. 热继电器的常见故障及处理方法

热继电器的常见故障及其处理方法见表3-2-4。

表 3-2-4　热继电器的常见故障及其处理方法

故障现象	产生原因	处理方法
热继电器误动作 或动作太快	1. 整定电流偏小 2. 操作频率过高 3. 连接导线太细	1. 调大整定电流 2. 调换热继电器或限定操作频率 3. 选用标准导线
热继电器不动作	1. 整定电流偏大 2. 热元件烧断或脱焊 3. 导板脱出	1. 调小整定电流 2. 更换热元件或热继电器 3. 重新放置导板并试验动作灵活性
热元件烧断	1. 负载侧电流过大 2. 反复或短时工作 3. 操作频率过高	1. 排除故障调换热继电器 2. 限定操作频率或调换合适的热继电器
主电路不通	1. 热元件烧毁 2. 接线螺钉未压紧	1. 更换热元件或热继电器 2. 旋紧接线螺钉
控制电路不通	1. 热继电器常闭触点接触不良或弹性消失 2. 手动复位的热继电器动作后，未手动复位	1. 检修常闭触点 2. 手动复位

→ 思考与练习

一、填空题

1. 继电器是一种根据_____、_____等电量信号或_____、_____、_____等非电量信号的变化带动触点动作，来接通或断开所控制的电路或者电器，以实现自动控制和保护电力拖动装置的电器。

2. 继电器按用途可分为_____和_____。

3. 热继电器是利用_____原理来工作的保护电器，主要用于电力拖动系统中电动机负载的_____保护。

4. 热继电器在使用时，其热元件应与电动机的定子绕组_____。

5. 某一规格的热继电器铭牌为 JR36—63/3D，其中 D 代表_____。

二、简答题

继电器与接触器的区别表现在哪几个方面？

→ 任务评价

经过学习之后，请填写任务评价表，见表 3-2-5。

表 3-2-5　热继电器的识别与检测任务评价表

任务内容	评分标准	配分	得分
绘制热继电器符号	正确绘制热继电器的图形及文字符号	10 分	
热继电器选择	按要求选择合适的热继电器	10 分	
热继电器检测	检测热继电器的发热元件及常开常闭触点的质量	30 分	
热继电器的安装	合理安装固定热继电器	10 分	
热继电器的故障排除	分析故障原因并提出对应的处理方法(每项加 5 分)	20 分	
正确使用仪表	万用表使用正确，读数准确	10 分	
安全文明操作	安全、文明、规范操作(视情况加分)	10 分	

任务 3　中间继电器的识别与选用

⊙ 场景描述

　　在自动控制系统中，有一种非常重要的控制元件——交流接触器，它可以控制设备完成各种不同的动作。可有的时候，它也会"力不从心"，当交流接触器触点不够，或者不能实现设备的动作要求时，就需要一个"助手"——中间继电器，它和交流接触器有着相似的外形和原理，可以辅助交流接触器完成更多、更复杂的动作。中间继电器就像一个"中转"或者"分流器"一样，将交流接触器发出的信号保持、延续或者分流。

　　图 3-3-1 为箱式变电站（简称箱变），是一种多功能的配电设备。当需要箱变有多点输出，供给保护、控制、测量等不同用途时，就先将原始信号输入中间继电器，中间继电器有多个触点随即动作，向所需要的地方输出信号。

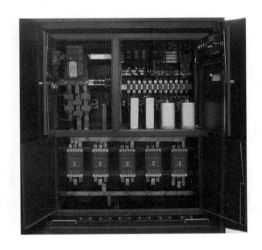

图 3-3-1　箱式变电站

⊙ 任务描述

　　认识常见的中间继电器，明确中间继电器的型号含义，了解中间继电器的主要技术参数，能规范绘制中间继电器的图形及文字符号，能根据实际情况选择中间继电器，会对中间继电器的质量进行检测，并按要求进行正确安装，能根据故障现象，找出故障原因并排除。

➔ 实践操作

1. 认识常用的中间继电器

常用中间继电器的外形，如图 3-3-2 所示。

（a）JZ7系列　（b）JZ14系列　（c）JZ15系列　（d）JZC1系列　（e）JZC4系列　（f）静态中间继电器

图 3-3-2　常用中间继电器的外形

2. 绘制中间继电器的图形及文字符号

中间继电器的图形及文字符号，如图 3-3-3 所示。

（a）线圈　　　　（b）常开触点　　　（c）常闭触点

图 3-3-3　中间继电器的图形、文字符号

3. 中间继电器选用

继电器是组成各种控制系统的基础元件，选用时应综合考虑继电器的适用性、功能特点、使用环境、工作制、额定工作电压及额定工作电流等因素，做到合理选择。其具体应从以下几个方面考虑。

（1）类型和系列的选用。

（2）使用环境的选用。

（3）使用类别的选用。典型用途是控制交、直流电磁铁，如交、直流接触器线圈。使用类别如 AC-11、DC-11。

（4）额定工作电压、额定工作电流的选用。继电器线圈的电流种类和额定电压，应与系统一致。

（5）工作制的选用。工作制不同对继电器的过载能力要求也不同。

4. 中间继电器的检测

在使用中间继电器之前，应进行必要的检测。检测的内容包括电磁线圈是否完好；对结构不甚熟悉的中间继电器，应区分出电磁线圈、常闭触点和常开触点的位置及状况。

检测步骤如下：

(1)万用表调零。将万用表拨到 Ω 档的 R×10 档，然后将红、黑表笔短接，通过刻度盘左下方的调零旋钮将指针调整到 Ω 档的零刻度。

(2)线圈的检测。将红、黑表笔分别放在 A1 和 A2 两接线柱上，万用表示数约为几十欧姆到几千欧姆，如图 3-3-4 所示。若电阻为"0"或者"∞"说明线圈出现短路或断路故障。

(3)触点的检测。将万用表红、黑表笔放在任意两个触点上。若万用表所测阻值为"0"，说明这是一对常闭触点，如图 3-3-5(a)所示。强制按下中间继电器的衔铁，指针从"0"指向了"∞"，如图 3-3-5(b)所示，确定这是一对常闭触点。

图 3-3-4　中间继电器线圈的检测

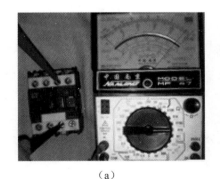

　　　　(a)　　　　　　　　　　　　　(b)

图 3-3-5　中间继电器常闭触点的检测

若所测阻值为"∞"，则可能是一对常开触点，如图 3-3-6(a)所示。强制按下中间继电器的衔铁，指针从"∞"指向了"0"，如图 3-3-6(b)所示，确定这是一对常开触点。

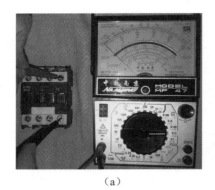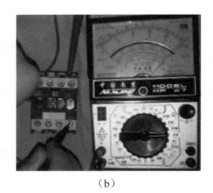

（a）   （b）

图 3-3-6　中间继电器常开触点的检测

5. 中间继电器的安装

安装中间继电器的方法与安装交流接触器的方法类似。

⊙ 知识窗 ─────────────────────────────────────●

电磁式继电器

在控制电路中用的继电器大多数是电磁式继电器。电磁式继电器具有结构简单、价格低廉、使用维护方便、触点容量小(一般在 5 A 以下)、触点数量多且无主、辅之分、无灭弧装置、体积小、动作迅速、准确、控制灵敏、可靠等特点，广泛地应用于低压控制系统中。

常用的电磁式继电器有电流继电器、电压继电器、中间继电器以及各种小型通用继电器等。其外形如图 3-3-7 所示。

（a）电流继电器　　　　　　（b）电压继电器　　　　　　（c）中间继电器

图 3-3-7　电磁式继电器外形

电流继电器反映的是电路电流的变化。使用时，电流继电器的线圈与被测电路串联，其线圈匝数少，导线粗，阻抗小。电流继电器除用于电流型保护的场合外，还经常用于按电流原则控制的场合。

电压继电器反映的是电路电压的变化。使用时，电压继电器的线圈并联在被测电路中，线圈的匝数多、导线细、阻抗大。继电器根据所接线路电压值的变化，处于吸合或释放状态。电压继电器常用在电力系统继电保护中，在低压控制电路中使用较少。

中间继电器实质上是一种电压继电器。它的特点是触点数目较多，电流容量可增大，起到中间放大（触点数目和电流容量）的作用。

电磁式继电器的结构和工作原理与接触器相似，主要由电磁机构和触点系统组成。典型结构如图 3-3-8 所示。

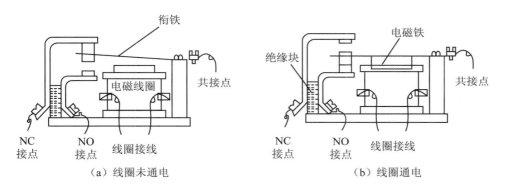

图 3-3-8 电磁式继电器结构示意图

电磁式继电器的图形符号及文字符号如图 3-3-9 所示，电流继电器的文字符号为 KI，电压继电器的文字符号为 KV，中间继电器的文字符号为 KA。

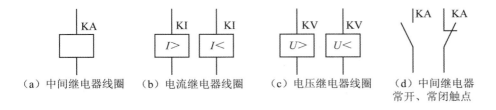

图 3-3-9 电磁式继电器图形、文字符号

常用电磁式继电器有 JL14、JL18、JZ15、3TH80、3TH82 及 JZC2 等系列。

其中 JL14 系列为交直流电流继电器，JL18 系列为交直流过电流继电器，JZ15 为中间继电器，3TH80、3TH82 与 JZC2 类似，为接触器式继电器。

电磁式继电器常用型号含义如下。

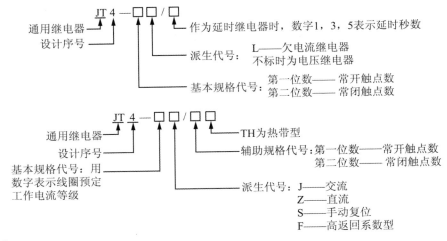

➔ 操作训练

1. 在铣床实训设备中找到中间继电器，识别其类型。

2. 选用继电器时应考虑哪些问题？

3. 用万用表检测中间继电器线圈时，若线圈正常，万用表显示的值是什么值？如果万用表示数为"0"或"∞"，分别说明线圈出现什么故障？

4. 观察中间继电器和交流接触器，找出两种器件的相同点和不同点。

➔ 知识链接

一、 中间继电器的作用

中间继电器实质上是一种电压继电器，它是根据输入电压的有或无而动作的。只是触点对数多，触点容量较大(额定电流 5～10 A)。中间继电器体积小，动作灵敏度高，其主要用途为：当其他继电器的触点对数或触点容量不够时，可以借助中间继电器来扩展触点数或触点容量，起到信号中继作用。中间继电器一般不用于直接控制电路的负荷，但当电路的负荷电流在 5～10 A 以下时，也可代替接触器起控制负荷的作用。

二、 中间继电器的结构和工作原理

1. 中间继电器的结构

中间继电器的结构和接触器基本相同，如图 3-3-10 所示。

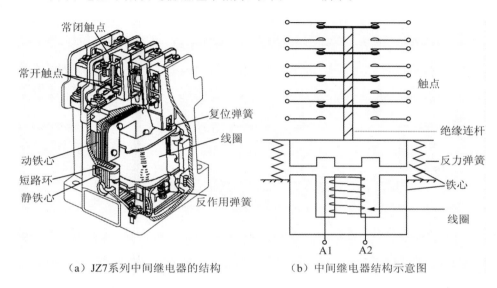

（a）JZ7系列中间继电器的结构　　　（b）中间继电器结构示意图

图 3-3-10　中间继电器结构图

2. 中间继电器的工作原理

中间继电器的工作原理也和接触器一样，结合交流接触器工作原理分析。

三、 常用中间继电器的型号

常用的中间继电器型号有 JZ7、JZ14 等。

JZ7 系列中间继电器的型号组成及其含义如下。

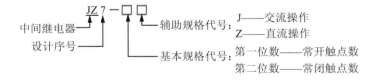

四、 中间继电器的主要技术参数

继电器的主要技术参数有额定工作电压、吸合电流、释放电流、触点切换电压和电流。

(1)额定工作电压。指继电器正常工作时线圈所需要的电压。根据继电器的型号不同,可以是交流电压,也可以是直流电压。

(2)吸合电流。指继电器能够产生吸合动作的最小电流。在正常使用时,给定的电流必须略大于吸合电流,这样继电器才能稳定地工作。而对于线圈所加的工作电压,一般不要超过额定工作电压的1.5倍,否则会产生较大的电流而把线圈烧毁。

(3)释放电流。指继电器产生释放动作的最大电流。当继电器吸合状态的电流减小到一定程度时,继电器就会恢复到未通电的释放状态。这时的电流远远小于吸合电流。

(4)触点切换电压和电流。指继电器允许加载的电压和电流。它决定了继电器能控制电压和电流的大小,使用时不能超过此值,否则很容易损坏继电器的触点。

JZ7系列中间继电器的技术参数,见表3-3-1。

表3-3-1　JZ7系列中间继电器的技术参数

型　号	触点额定电压/V	触点额定电流/A	触点对数		吸引线圈电压/V (交流50 Hz)	额定操作频率/(次/h)	线圈消耗功率/W	
			常开	常闭			启动	吸持
JZ7—44	500	5	4	4	12, 36, 127, 220, 380	1 200	75	12
JZ7—62	500	5	6	2			75	12
JZ7—80	500	5	8	0			75	12

五、 中间继电器的常见故障及处理方法

中间继电器的常见故障及处理方法与接触器类似。

→ 思考与练习

一、填空题

1. 常用的电磁式继电器有_____、电压继电器、_____以及各种小型通用继电器等。

2. 电磁式继电器反映的是电信号,当线圈反映电压信号时,为_____继电器;当线圈反映电流信号时,为_____继电器。

3. 电压继电器线圈_____在电路上,用于反映电路电压大小。电流继电器线

圈串接在电路中，用于反映电路_____的大小。

4. 电流继电器线圈匝数_____、导线_____、阻抗_____。电压继电器线圈匝数_____、导线_____、阻抗_____。

5. 中间继电器实质上是一种_____继电器。

6. 中间继电器一般不用于直接控制电路的负荷，但当电路的负荷电流在_____以下时，也可代替_____起控制负荷的作用。

二、简答题

1. 什么是继电器的释放电流？

2. 中间继电器的主要用途有哪些？

3. 说明下列继电器型号的含义。

JZ7-44　　　　　JL14-JS/11

→ 任务评价

经过学习之后，请填写任务评价表，见表3-3-2。

表 3-3-2　中间继电器的识别与检测任务评价表

任务内容	评分标准	配分	得分
绘制中间继电器符号	画出中间继电器的图形及文字符号	10分	
中间继电器选择	按要求选择合适的中间继电器	10分	
中间继电器检测	检测中间继电器线圈及触点的质量	25分	
中间继电器的安装	合理安装固定中间继电器	10分	
中间继电器的故障排除	分析故障原因并提出对应的处理方法（每项加5分）	25分	
正确使用仪表	万用表使用正确，读数准确	10分	
安全文明操作	根据安全操作要求和文明生产的要求（视情况加分）	10分	

任务 4　时间继电器的识别与选用

→ 场景描述

在日常生活中，经常碰到一些需要定时的事情。例如，洗衣机洗涤任务需要定在几分钟到几十分钟的时间。夏季夜间入睡前将空调定时，等睡熟后到了预定时间，空调自动关机，方便节能。自动定时烤面包机如图 3-4-1 所示，让早饭时间不再紧张。

人类最早使用的定时工具是沙漏(图 3-4-2)或者水漏。在科学技术飞速发展的今天，完成定时功能的定时器多种多样。

图 3-4-1　全自动烤面包机　　　　　　　　　图 3-4-2　沙漏

在自动控制系统中，也有很多需要定时和延时的场合，因此不仅需要瞬时动作的继电器，也需要延时动作的继电器。时间继电器就是利用某种原理实现触点延时动作的自动电器，经常用于时间控制原则进行控制的场合。图 3-4-3 是控制柜中的时间继电器。

图 3-4-3　控制柜中的时间继电器

⊙ 资料拓展

时间继电器广泛应用于遥控、通信、自动控制等电子设备中，已经深入到我们生

产、生活的方方面面，小到面包机、感应灯，大到数控机床、高速列车设备等。由小
见大，在学习时间继电器功能的基础上，将知识内化，创新解决生产生活中遇到的点
滴问题，培养创新意识与能力，为我国实现高水平科技自立自强夯实基础。加快实施
创新驱动发展战略。坚持面向世界科技前沿、面向经济主战场、面向国家重大需求、
面向人民生命健康，加快实现高水平科技自立自强。

➔ 任务描述

认识常见的时间继电器，明确时间继电器型号的含义，了解时间继电器的主要技
术参数，能规范绘制时间继电器的图形及文字符号，能根据实际情况选择时间继电
器，会对时间继电器的质量进行检测，并按要求进行正确安装，能根据故障现象，找
出故障原因并排除。

➔ 实践操作

1. 认识常用的时间继电器

常用的时间继电器的外形如图 3-4-4 所示。

（a）JS7系列空气阻尼式　（b）JS14P 数字式　（c）JS14A晶体管式　（d）JS14S数字式

（e）JSZ3系列　　（f）JSS1数字式　（g）JS11系列电动机式　（h）时间继电器底座

图 3-4-4　常用时间继电器的外形

2. 绘制时间继电器的图形及文字符号

时间继电器按延时方式，可分为通电延时和断电延时，因此其线圈和延时接点的
图形符号有两种画法。线圈中的延时符号可以不画，接点中的延时符号可以画在左
边，也可以画在右边，但是圆弧的方向不能改变，如图 3-4-5 所示。

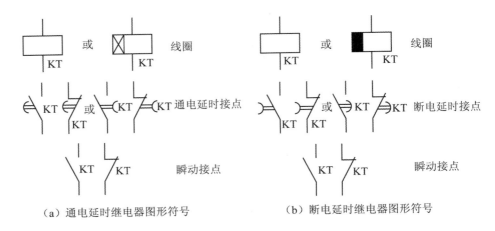

（a）通电延时继电器图形符号　　　　　（b）断电延时继电器图形符号

图 3-4-5　时间继电器的图形及文字符号

3. 时间继电器选用

时间继电器形式多样，各具特点，选择时应从以下几个方面考虑。

(1)线圈(或电源)的电流种类和电压等级应与控制电路相同。

(2)根据控制电路对延时触点的要求选择延时方式，即通电延时型或断电延时型。

(3)根据延时范围和精度要求选择继电器类型。

(4)根据使用场合、工作环境选择时间继电器的类型。如电源电压波动大的场合可选空气阻尼式或电动式时间继电器，电源频率不稳定的场合不宜选用电动式时间继电器；环境温度变化大的场合不宜选用空气阻尼式和电子式时间继电器。

(5)校核触点数量和容量，若不够时，可用中间继电器进行扩展。

4. 时间继电器的检测

在使用时间继电器之前，应进行必要的检测。检测的内容包括线圈是否完好；区分出延时闭合触点对、延时断开触点对的位置及是否完好。

(1)JS7-1A 时间继电器，检测步骤如下。

①万用表调零。将万用表拨至 Ω 档 R×100 档，然后将红、黑两表笔短接，通过刻度盘左下方的调零旋钮将指针调整到 Ω 档的零刻度。

②线圈的检测。将红、黑两表笔放在线圈两端 A1 和 A2 接线柱上，此时万用表指针应指示时间继电器线圈的电阻值(几十欧至几千欧)，如图 3-4-6 所示。

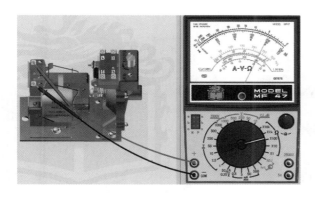

图 3-4-6 时间继电器线圈的检测

③触点检测。将红、黑两表笔接在任意两个触点上，手动推动衔铁，模拟时间继电器动作，延时时间到后，若表针从"∞"指向"0"，说明这对触点是延时闭合的常开触点对，如图 3-4-7 所示；若表针从"0"指向"∞"，说明这对触点是延时断开的常闭触点对，如图 3-4-8 所示；若表针不动，说明这两点不是一对触点。

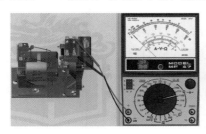 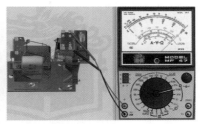

图 3-4-7 时间继电器常开触点的检测

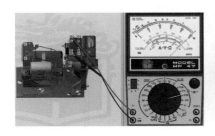 

图 3-4-8 时间继电器常闭触点的检测

（2）ST3P 时间继电器，检测步骤如下。

①外观检测。观察时间继电器底座，如图 3-4-9 所示，并对照时间继电器的铭牌标示，如图 3-4-10 所示，找出时间继电器的线圈和延时闭合及延时断开的触点数字标号。

图 3-4-9 时间继电器线圈底座

图 3-4-10 时间继电器铭牌

线圈：2—7；

延时闭合的常开触点：1—3 和 6—8；

延时断开的常闭触点：1—4 和 5—8。

②线圈的检测。将万用表拨至 Ω 档 R×10 kΩ 档，调零。将时间继电器主体可靠插入底座上，将红、黑两表笔放在线圈两触点 2—7 接线端子上，万用表指针显示线圈阻值约为 1 000 kΩ，如图 3-4-11 所示。否则，线圈损坏。

图 3-4-11 时间继电器线圈的检测

③触点的检测。将万用表拨至 Ω 档 R×10 档，红、黑两表笔对接调零。将万用表的红、黑两表笔分别放在 5—8(或 1—4)接线端，万用表指针指向"0"；将万用表的红、黑两表笔分别放在 6—8(或 1—3)接线端，万用表指针指向"∞"，如图 3-4-12 所示，说明延时闭合的常开触点和延时断开的常闭触点完好。

图 3-4-12　时间继电器触点的检测

5. 时间继电器的安装与使用

(1)时间继电器应按说明书规定的方向安装。

(2)时间继电器的整定值，应预先在不通电时整定好。

(3)时间继电器金属底板上的接地螺钉必须与接地线可靠连接。

(4)通电延时型和断电延时型可在整定时间内自行调换。

(5)使用时，应经常清除灰尘及油污，否则延时误差将增大。

6. 时间继电器的故障处理

人为设置故障，故障现象为给时间继电器线圈加上电压，延时时间到后，延时触点不动作，找出产生故障的可能原因并排除故障，见表 3-4-1。

表 3-4-1　时间继电器故障及处理方法

故障现象	产生原因	处理方法
延时触点 不动作	1. 电磁铁线圈断线 2. 电源电压低于线圈额定电压很多 3. 电动式时间继电器的同步电动机线圈断线 4. 电动式时间继电器的棘爪无弹性，不能刹住棘齿 5. 电动式时间继电器游丝断裂	1. 更换线圈 2. 更换线圈或调高电源电压 3. 调换同步电动机 4. 调换棘爪 5. 调换游丝

→ 知识窗

早期在交流电路中常采用空气阻尼型时间继电器，它是利用空气通过小孔节流的原理来获得延时动作的。它由电磁系统、延时机构和触点三部分组成。凡是继电器感测元件得到动作信号后，其执行元件(触点)要延迟一段时间才动作的继电器称为时间继电器。

目前最常用的为大规模集成电路组成的时间继电器，它利用阻容原理来实现延时动作。在交流电路中往往采用变压器来降压，集成电路作为核心器件，其输出采用小型电磁继电器，使得产品的性能及可靠性比早期的空气阻尼型时间继电器要好得多，产品的定时精度及可控性也提高很多。

随着单片机的普及，目前各厂家相继采用单片机为时间继电器的核心器件，而且产品的可控性及定时精度完全可以由软件来调整，所以未来的时间继电器将会完全由单片机来取代。

全面建设社会主义现代化国家，是一项伟大而艰巨的事业，前途光明，任重道远。当前，世界百年未有之大变局加速演进，新一轮科技革命和产业变革深入发展，国际力量对比深刻调整，我国发展面临新的战略机遇。

➔ 资料拓展

集成电路产业是新发展格局下高水平科技自立自强的重要战略支柱。近年来中国集成电路产业已经积累了一定产业基础、优势方向和专业队伍，但是部分"卡脖子"技术仍严重受制于人。坚持面向世界科技前沿、面向经济主战场、面向国家重大需求、面向人民生命健康，加快实现高水平科技自立自强。以国家战略需求为导向，集聚力量进行原创性引领性科技攻关，坚决打赢关键核心技术攻坚战。加快实施一批具有战略性全局性前瞻性的国家重大科技项目，增强自主创新能力。

➔ 操作训练

1. 识别所给时间继电器类型。

2. 如何区分通电延时和断电延时的时间继电器？在绘制图形符号的时候，有什么好的方法可以将不同的触点区分？

3. 在选用时间继电器的时候应注意哪些问题？

➔ 知识链接

一、 时间继电器的作用及延时方式

1. 时间继电器的作用

时间继电器是一种利用电磁原理或机械动作原理实现触点延时接通或断开的自动控制电器，它能够按照设定的时间间隔，接通或断开被控制的电路，以协调和控制生产机械的各种动作，因此，时间继电器是按整定时间长短进行动作的控制电器。

2．时间继电器的延时方式

时间继电器的延时方式有通电延时和断电延时两种。

（1）通电延时。接受输入信号后延迟一定的时间，输出信号才发生变化。当输入信号消失后，输出瞬时复原。

（2）断电延时。接受输入信号时，瞬时产生相应的输出信号。当输入信号消失后，延迟一定的时间，输出才复原。

二、 时间继电器的结构及工作原理

以 JS7-A 系列空气阻尼式时间继电器为例介绍时间继电器的结构及工作原理。

空气阻尼式时间继电器，是利用空气阻尼作用获得延时的。它由电磁系统、延时机构和触点三部分组成。图 3-4-13 为 JS7-A 系空气阻尼式时间继电器结构原理图。

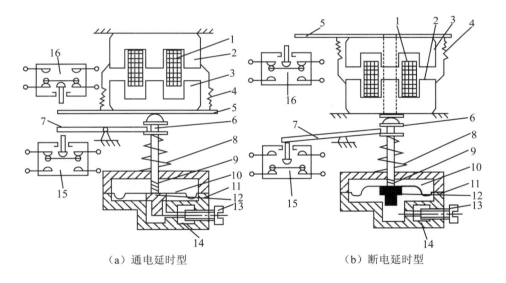

（a）通电延时型　　　　　　　　　　（b）断电延时型

图 3-4-13　JS7-A 系列空气阻尼式时间继电器结构原理图

1. 线圈　2. 铁心　3. 衔铁　4. 反力弹簧　5. 推板　6. 活塞杆　7. 杠杆　8. 塔形弹簧　9. 弱弹簧
10. 橡皮膜　11. 空气室壁　12. 活塞　13. 调节螺钉　14. 进气孔　15、16. 微动开关

空气阻尼式时间继电器的电磁机构可以是直流的，也可以是交流的；既有通电延时型，也有断电延时型。只要改变电磁机构的安装方向，便可实现不同的延时方式：当衔铁位于铁心和延时机构之间时为通电延时，如图 3-4-13(a)所示；当铁心位于衔铁和延时机构之间时为断电延时，如图 3-4-13(b)所示。

空气阻尼式时间继电器的特点是延时范围较大(0.4 s～180 s)，结构简单，寿命长，价格低。但其延时误差较大，无调节刻度指示，难以确定整定延时值。在对延时精度要求较高的场合，不宜使用这种时间继电器。

直流电磁式时间继电器是利用电磁阻尼原理产生延时的，由电磁感应定律可知，在继电器线圈通断电过程中铜套内将感应电势，并流过感应电流，此电流产生的磁通总是反对原磁通变化。继电器通电时，延时不显著(一般忽略不计)，继电器断电时起到延时作用。因此，这种继电器仅用作断电延时。且延时较短，JT3 系列最长不超过5 s，而且准确度较低，一般只用于要求不高的场合。

电子式时间继电器是由晶体管或集成电路和电子元件等构成的。目前已有采用单片机控制的时间继电器。电子式时间继电器具有延时范围广、精度高、体积小、耐冲击和耐振动、调节方便及寿命长等优点，所以发展很快、应用广泛，在时间继电器中已成为主流产品。

三、 常用时间继电器的型号

时间继电器种类很多，按构成原理有电磁式、电动式、空气阻尼式、晶体管式和数字式等。按延时方式分类有通电延时型和断电延时型。

时间继电器的标志组成及其含义如下。

JS7 系列空气阻尼式时间继电器：

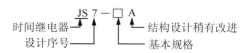

JSS1 系列数字式时间继电器：

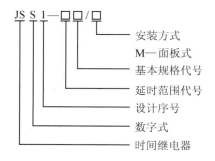

JS14P 系列数字式半导体继电器：

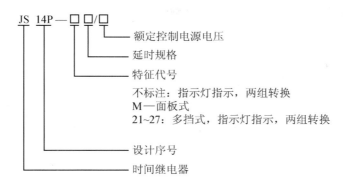

四、 时间继电器的主要技术参数

时间继电器的主要技术参数有额定工作电压、额定发热电流、额定控制容量、吸引线圈电压、延时范围、环境温度、延时误差和操作频率，见表 3-4-2。

表 3-4-2　JS7-A 系列空气阻尼式时间继电器的技术数据

型 号	吸引线圈电压/V	触点额定电压/V	触点额定电流/A	延时范围/s	延时触点				瞬动触点	
					通电延时		断电延时		常开	常闭
					常开	常闭	常开	常闭		
JS7-1A	24，36，110，127，220，380，420	380	5	0.4～60 及 0.4～180	1	1	—	—	—	—
JS7-2A					1	1	—	—	1	1
JS7-3A					—	—	1	1	—	—
JS7-4A					—	—	1	1	1	1

五、 时间继电器的常见故障及处理方法

空气阻尼式时间继电器的常见故障及处理方法见表 3-4-3 所示。

表 3-4-3　空气阻尼式时间继电器常见故障及处理方法

故障现象	产生原因	处理方法
延时触点不动作	1. 电磁铁线圈断线 2. 电源电压低于线圈额定电压很多 3. 电动式时间继电器的同步电动机线圈断线 4. 电动式时间继电器的棘爪无弹性，不能刹住棘齿 5. 电动式时间继电器游丝断裂	1. 更换线圈 2. 更换线圈或调高电源电压 3. 调换同步电动机 4. 调换棘爪 5. 调换游丝

续表

故障现象	产生原因	处理方法
延时时间缩短	1. 空气阻尼式时间继电器的气室装配不严,漏气 2. 空气阻尼式时间继电器的气室内橡皮薄膜损坏	1. 修理或调换气室 2. 调换橡皮薄膜
延时时间变长	1. 空气阻尼式时间继电器的气室内有灰尘,使气道阻塞 2. 电动式时间继电器的传动机构缺润滑油	1. 清除气室内灰尘,使气道畅通 2. 加入适量的润滑油

➔ 思考与练习

一、填空题

1. 时间继电器是一种利用_____原理或机械动作原理实现触点延时接通或断开的_____电器。

2. 时间继电器主要分为_____和_____两大类。

二、简答题

1. 时间继电器在电路中各起什么作用?

2. 时间继电器按构成原理主要分为哪几类?

➔ 任务评价

经过学习之后,请填写任务评价表,见表3-4-4。

表 3-4-4　时间继电器的识别与检测任务评价表

任务内容	评分标准	配分	得分
绘制时间继电器符号	画出时间继电器的图形及文字符号	15分	
时间继电器选择	按要求选择合适的时间继电器	10分	
时间继电器检测	检测时间继电器线圈及触点的质量	20分	
时间继电器的安装	合理安装固定时间继电器	10分	
时间继电器的故障排除	分析故障原因并提出对应的处理方法(每项加5分)	25分	
正确使用万用表	万用表使用正确,读数准确	10分	
安全文明操作	安全、规范、文明操作(视情况加分)	10分	

任务5　速度继电器的识别与选用

场景描述

　　无论是直流电动机还是交流电动机，由于转子及其传动部分具有惯性，旋转着的电动机在电源切断之后，要经过一段时间才能完全停止转动。而在生产过程中，经常需要采取一些措施使电动机尽快停转，或者从某高速降到某低速运转，或者在某一转速下稳定运转，这就是电动机的制动问题。

　　电动机制动的方法有多种。其中有一种方法，就是反接电源，施加反向转矩，改变转子的转动方向，电动机在制动状态下迅速降低速度，当转速降到接近零时立即发出信号，切断电源使之停车，否则电动机开始反方向启动。这个切断电源信号的"发令者"就是速度继电器，这种电动机制动方式叫作反接制动。其电路如图 3-5-1 所示。

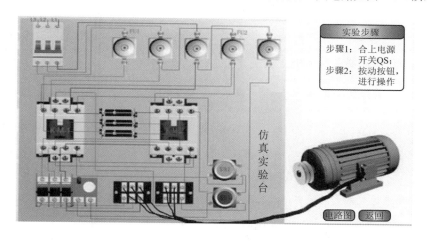

图 3-5-1　电动机反接制动接线样板图

　　但是，仔细看过图 3-5-1 的电路后，会发现电路中用到了多种低压电器元件，如断路器、交流接触器、热继电器、熔断器、按钮等，却没有发现前面提到的控制电动机制动最关键的那个元件——速度继电器。

　　那么速度继电器到底安装在哪里呢？它由哪几部分组成？又是如何工作的呢？

　　让我们一起去探究这个神秘的"隐形"元件。

任务描述

　　认识常见的速度继电器，明确速度继电器的型号含义，了解速度继电器的主要技术参数，能规范绘制速度继电器的图形及文字符号，能根据实际情况选择速度继电器，会对速度继电器的质量进行检测，并按要求进行正确安装，能根据故障现象，找出故障原因并排除。

→ 实践操作

1. 认识常用的速度继电器

速度继电器的外形如图 3-5-2 所示。

（a）JY-1型速度继电器　（b）CT-822速度继电器　（c）JMP-S速度继电器　（d）FKJ-CB速度控制继电器

（e）JMP-SD(S1)双功能速度继电器　（f）DSK-F电子速度继电器　（g）SKJ-C电子速度继电器

图 3-5-2　常用速度继电器的外形

2. 绘制速度继电器的图形及文字符号

速度继电器的图形及文字符号，如图 3-5-3 所示。

（a）转子　　　（b）常开触点　　（c）常闭触点

图 3-5-3　速度继电器的图形及文字符号

3. 速度继电器选用

速度继电器主要根据电动机的额定转速来选择。

4. 速度继电器的检测

（1）万用表调零。将万用表拨至 Ω 档 R×10 档，然后将红、黑表笔短接，通过刻度盘左下方的调零旋钮将指针调整到 Ω 档的零刻度。

（2）触点检测。将红、黑两表笔接在任意两个触点上，万用表指针指向"0"，说明这是一对常闭触点，如图 3-5-4(a)所示；推动衔铁，模拟速度继电器动作，若表针从"0"指向"∞"，说明这对触点完好，如图 3-5-4(b)所示。否则触点损坏。

(a)   (b)

图 3-5-4   速度继电器常闭触点的检测

将红、黑两表笔接在任意两个触点上，万用表指针指向"∞"，说明这可能是一对常开触点，如图 3-5-5(a)所示；推动衔铁，模拟速度继电器动作，若表针无变化，说明这不是一对触点，或触点损坏；若表针从"∞"指向"0"，说明这是一对常开触点，且触点完好，如图 3-5-5(b)所示。

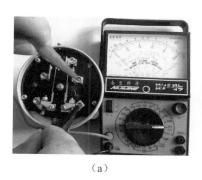

(a)   (b)

图 3-5-5   速度继电器常开触点的检测

5. 速度继电器的安装

（1）速度继电器在使用时，其转轴应与电动机同轴连接，即转子固定在轴上，定子与轴同心。

（2）安装接线时，触点接在控制电路中，正反向的触点不能接错，否则不能起到反接制动时接通和断开反向电源的作用。

6. 速度继电器的故障排除

在电动机反接制动电路中，线路其他部分完好，但电动机不能反接制动，找出产生故障的可能原因并排除故障，见表 3-5-1。

表 3-5-1　速度继电器故障及处理方法

故障现象	产生原因	处理方法
制动时速度继电器失效，电动机不能制动	1. 速度继电器胶木摆杆断裂 2. 速度继电器常开触点接触不良 3. 弹性动触片断裂或失去弹性	1. 调换胶木摆杆 2. 清洗触点表面油污 3. 调换弹性动触片

知识窗

速度继电器具有工作稳定、寿命长、体积小、安装方便等特点，广泛应用于各种光电检测、光电控制、光电定位、光电限位、光电计数、光电测速和用作计算机输入信号。

速度继电器应用广泛，可以用来监测船舶、火车的内燃机，以及气体、水和风力涡轮机，还可以用于造纸业、箔的生产和纺织业生产。在船用柴油机以及很多柴油发电机组的应用中，速度继电器作为一个二次安全回路，当紧急情况产生时，迅速关闭发动机。

操作训练

1. 区分识别所给的速度继电器。

2. 为什么在图 3-5-1 中看不到速度继电器？速度继电器在使用时如何安装？

3. 如何设定和调整速度继电器的速度整定值？

4. 速度继电器在安装时应注意哪些问题？

→ 知识链接 —————————————————————————————

一、速度继电器的作用

速度继电器是用来反映转速与转向变化的继电器。它可以按照被控电动机转速的大小使控制电路接通或断开。速度继电器主要用于三相异步电动机反接制动的控制电路中，故也称其为反接制动继电器。

二、速度继电器的结构及工作原理

图 3-5-6 为速度继电器的结构示意图。它的主要结构是由转子、定子及触点三部分组成。

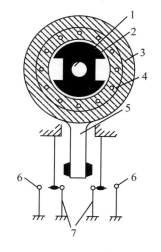

动画演示

速度继电器的转轴和电动机的主轴通过联轴器相连，当电动机转动时，速度继电器的转子随之转动，定子内的绕组便切割磁感

图 3-5-6　JY1 型速度继电器结构示意图
1. 转轴　2. 转子　3. 定子　4. 绕组
5. 胶木摆杆　6. 常开触点　7. 常闭触点

线，产生感应电动势，而后产生感应电流，此电流与转子磁场作用产生转矩，使定子开始转动。电动机转速达到某一值时，产生的转矩能使定子转到一定角度使摆杆推动常闭触点动作；当电动机转速低于某一值或停转时，定子产生的转矩会减小或消失，触点在弹簧的作用下复位。

微课视频

速度继电器有两组触点（每组各有一对常开触点和常闭触点），可分别控制电动机正、反转的反接制动。

三、常用速度继电器的型号

常用的速度继电器有 JY1 型和 JFZ0 型，一般速度继电器的动作速度为 120 r/min，触点的复位速度值为 100 r/min。在连续工作制中，能可靠地工作在 1 000～3 600 r/min，允许操作频率每小时不超过 30 次。

速度继电器的标志组成及其含义如下。

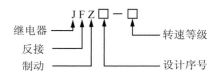

四、 速度继电器的主要技术参数

JY1、JFZ0 系列速度继电器的主要参数见表 3-5-2。

表 3-5-2　JY1、JFZ0 系列速度继电器的主要参数

型　号	触点额定电压/V	触点额定电流/A	触点数量		额定工作转速/(r/min)	允许操作频率/次
			正转时动作	反转时动作		
JY1	380	2	1 常开	1 常开	100～3 600	＜30
JFZ0			0 常闭	0 常闭	300～3 600	

五、 速度继电器的常见故障及处理方法

速度继电器的常见故障及处理方法见表 3-5-3。

表 3-5-3　速度继电器的常见故障及处理方法

故障现象	产生原因	处理方法
制动时速度继电器失效，电动机不能制动	1. 速度继电器胶木摆杆断裂 2. 速度继电器常开触点接触不良 3. 弹性动触片断裂或失去弹性	1. 调换胶木摆杆 2. 清洗触点表面油污 3. 调换弹性动触片
电动机制动效果不好	速度继电器设定值过高，致使过早地撤除反接制动	重新设定整定值

→ 思考与练习 ————————————————————————

1. 速度继电器是根据机械装置移动的速度变化过程来进行控制的一种电器。(　　)

2. 速度继电器主要用作＿＿＿＿＿＿＿＿控制。

→ 任务评价 ————————————————————————

经过学习之后，请填写任务评价表，见表 3-5-4。

表 3-5-4 速度继电器的识别与检测任务评价表

任务内容	评分标准	配分	得分
绘制速度继电器符号	画出速度继电器的图形及文字符号	10 分	
速度继电器选择	按要求选择合适的速度继电器	10 分	
速度继电器检测	检测速度继电器线圈及触点的质量	25 分	
速度继电器的安装	合理安装固定速度继电器	10 分	
速度继电器的故障排除	分析故障原因并提出对应的处理方法（每项加 5 分）	25 分	
正确使用仪表	万用表使用正确，读数准确	10 分	
安全文明操作	安全、文明、规范操作（视情况加分）	10 分	

项目四

电动机直接启动单向运转控制线路安装

➔ 学习目标

1. 了解电动机控制线路电气原理图、平面布置图、安装接线图的规范标准及要求。

2. 掌握电动机直接单向启动的实现方式、电路组成及工作原理。

3. 能根据原理图选择、检测和安装低压电器。

4. 能根据电动机直接启动单向运转电气原理图绘制平面布置图和安装接线图，能根据原理图和电气安装接线图，按照工艺要求，安装电动机直接启动单向运转控制线路。

5. 会正确使用万用表对电动机直接启动单向运转控制线路进行静态检测。

6. 养成良好的职业习惯，安全规范操作。规范使用电工工具，防止损坏工具、器件和误伤人员；线路安装完毕，未经教师允许，不得私自通电。

➔ 资料拓展

"复兴号"中国标准动车组，由中国铁路总公司牵头组织研制，具有完全自主知识产权，达到世界先进水平。其核心设备三相交流异步电动机，由中车株州电机有限公司生产。"复兴号"的诞生，标志着我国铁路装备水平进入了一个崭新时代。我们要坚持教育优先发展、科技自立自强、人才引领驱动，加快建设教育强国、科技强国、人才强国，坚持为党育人、为国育才，全面提高人才自主培养质量，着力造就拔尖创新人才，聚天下英才而用之。

任务1　电动机单向连续运转控制线路安装

场景描述

在实际机械生产中，根据工艺要求，需要机床的运动部件实现连续运行、运动部件之间顺序运动等控制方式，同时为了操作方便有时会将同一运动部件的控制设置在两个或多个不同的位置上。例如，铣床主轴的启动，停止在两地操作，一处在升降台上，一处在床身上；主轴工作过程中要求连续运转，而工作台的快进控制则要求使用电动机的点动控制。此外，X62W 万能铣床中还要求主轴运转之后工作台才能运到，平面磨床中要求电磁铁生磁后主轴才能运转的顺序控制要求。X62W 万能铣床和平面磨床如图 4-1-1 所示。

（a）X62W 铣床　　　　　　　　（b）平面磨床

图 4-1-1　X62W 铣床和平面磨床

任务描述

熟练阅读电动机单向连续运转控制线路电气原理图，分析其工作原理。根据原理图选择线路安装所需低压电器元件并检测其质量好坏；画出合理布局的平面布置图，进行器件的安装；画出安装接线图，按工艺要求，进行线路的安装；安装连接完毕后，能熟练地对电路进行静态检测；如有故障，能根据故障现象，找出故障原因并排除。

→ 实践操作

1. 配齐所需工具、仪表和连接导线

微课视频

根据线路安装的要求配齐工具(如尖嘴钳、一字螺钉旋具、十字螺钉旋具、剥线钳、试电笔等),仪表(如万用表等)。根据控制对象选择合适的导线,主电路采用BV1.5 mm²(红色、绿色、黄色);控制电路采用 BV0.75 mm²(黑色);按钮线采用BVR0.75 mm²(红色);接地线采用 BVR1.5 mm²(黄绿双色)。

2. 阅读分析电气原理图

读懂电动机单向连续运转控制线路电气原理图,如图 4-1-2 所示。明确线路安装所用元件及作用。并根据原理图画出布局合理的平面布置图和电气接线图。

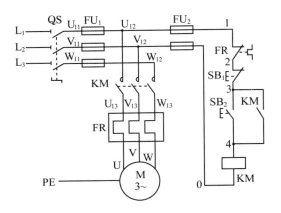

图 4-1-2　电动机连续运转控制线路电气原理图

3. 器件选择

根据原理图正确选择线路安装所需的低压电器元件,并明确其型号规格、个数及用途,见表 4-1-1。

表 4-1-1　电器元件明细表

符号	名称	型号及规格	数量	用途
QS	组合开关	HZ10-25/3	1	三相交流电源引入
SB₂	启动按钮	LAY7	1	启动
SB₁	停止按钮	LAY7	1	停止
FU₁	主电路熔断器	RT18-32　5A	3	主电路短路保护

续表

符号	名称	型号及规格	数量	用途
FU$_2$	控制电路熔断器	RT18-32　1 A	2	控制电路短路保护
KM	交流接触器	CJX2-1210	1	
FR	热继电器	JRS1-09308	1	过载保护
	导线若干	BV　1.5 mm^2		主电路接线
	导线若干	BVR　0.75 mm^2，1.5 mm^2		控制电路接线，接地线
M	三相交流异步电动机	YS-5024W	1	
XT	端子排	主电路 TB-2512L	1	
XT	端子排	控制电路 TB-1512	1	

4. 器件检测与安装

使用万用表对所选低压电器进行检测后，根据元件布置图将电器元件固定在安装板上。安装布置图如图 4-1-3 所示。

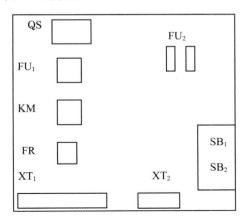

图 4-1-3　长动控制线路元件布置图

5. 电动机单向连续运转控制线路连接

根据电气原理图和电气接线图，完成电动机单向连续运转控制线路的线路连接。

（1）主电路连接。

根据图 4-1-4 所示完成主电路线路连接。

将三相交流电源的三条火线接在转换开关 QS 的三个进线端上，QS 的出线端分别接在三只熔断器 FU$_1$ 的进线端，FU$_1$ 的出线端分别接在交流接触器 KM 的三对主触点的进线端，KM 主触点出线端分别与热继电器 FR 的热元件进线端相连，FR 热元件出线端通过端子排与电动机定子绕组接线端 U_1、V_1、W_1 相连。

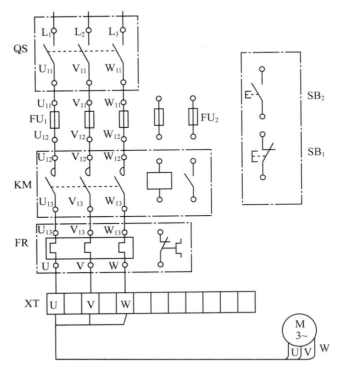

图 4-1-4　主电路电气接线图

（2）控制电路连接

根据控制电路电气接线图（图 4-1-5）完成控制电路连接。

接线方法：按从上至下、从左至右的原则，等电位法，逐点清，以防漏线。

具体接线：任取主电路短路保护熔断器中的两个，其出线端接在两只控制电路短路保护熔断器 FU_2 的进线端。

1 点：任取一只控制电路短路保护熔断器，将其出线端与热继电器 FR 常闭触点的进线端相连。

2 点：热继电器 FR 常闭触点的出线端通过端子排与停止按钮 SB_1 常闭进线端相连。

3 点：停止按钮 SB_1 常闭触点的出线端与启动按钮 SB_2 常开触点进线端在按钮内部连接后，通过端子排与 KM 辅助常开触点进线端相连。

4 点：KM 辅助常开触点出线端与其线圈进线端相连后，通过端子排与 SB_2 常开触点出线端相连。

0 点：KM 线圈出线端与另一只熔断器的出线端相连。

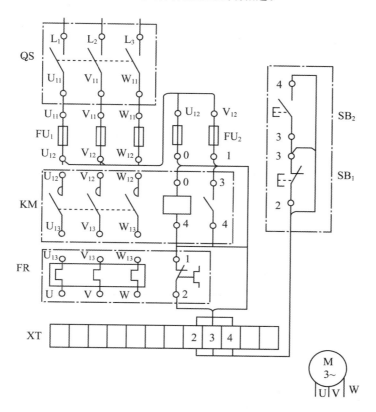

图 4-1-5 控制电路电气接线图

6. 安装电动机

安装电动机并完成电源、电动机(按要求接成星形或三角形)和电动机保护接地线等控制面板外部的线路连接。

7. 静态检测

(1)根据原理图或电气接线图从电源端开始，逐段核对接线及接线端子处连接是否正确，有无漏接、错接之处。检查导线接点是否符合要求，压接是否牢固。接触应良好，以免接负载运行时产生闪弧现象。

(2)进行主电路和控制电路通断检测。

①主电路检测。接线完毕，反复检查确认无误后，在不通电的状态下对主电路进

行检查。按下 KM 主触点，万用表置于电阻档，若测得各相电阻基本相等且近似为"0"；而放开 KM 主触点，测得各相电阻为"∞"，则接线正确。

②控制电路检测。选择万用表的 R×1 档，然后红、黑表笔对接调零。

检测控制电路通断：断开主电路，按下启动按钮 SB_2，万用表读数应为接触器线圈的直流电阻值(如 CJX2 线圈直流电阻约为 15 Ω)，松开 SB_2 或按下 SB_1，万用表读数为"∞"。

自锁控制检测：松开 SB_2，按下 KM 触点架，使其自锁触点闭合，将万用表红、黑表笔分别放在图 4-1-5 中的 1 点和 0 点上，万用表读数应为接触器的直流电阻值。

停车控制检测：按下 SB_2 或 KM 触点架，将万用表红、黑表笔分别放在图 4-1-5 中的 1 点和 0 点上，万用表读数应为接触器的直流电阻值；然后同时再按下停止按钮 SB_1，万用表读数变为"∞"。

检查过载保护：检查热继电器的额定电流值是否与被保护的电动机额定电流相符，若不符，调整旋钮的刻度值，使热继电器的额定电流值与电动机额定电流相符；检查常闭触点是否动作，其机构是否正常可靠；复位按钮是否灵活。

8. 通电试车

通电前必须征得教师同意，并由教师接通电源和现场监护，严格按安全规程的有关规定操作，防止安全事故的发生。

(1)电源测试。合上电源开关 QS 后，用测电笔测 FU_1、三相电源。

(2)控制电路试运行。断开电源开关 QS，确保电动机没有与端子排连接。合上开关 QS，按下按钮 SB_2，接触器主触点立即吸合，松开 SB_2，接触器主触点仍保持吸合。按下 SB_1，接触器触点立即复位。

(3)带电动机试运行。断开电源开关 QS，接上电动机接线。再合上开关 QS，按下按钮 SB_2，电动机运转；按下 SB_1，电动机停转。操作过程中，观察各器件动作是否灵活，有无卡阻及噪声过大等现象，电动机运行有无异常。发现问题，应立即切断电源进行检查。

→ 经验分享

1. 电气控制线路安装时的注意事项

(1)不触摸带电部件，严格遵守"先接线后通电，先接电路部分后接电源部分；先接主电路，后接控制电路，再接其他电路；先断电源后拆线"的操作程序。

(2)接线时，必须先接负载端，后接电源端；先接接地端，后接三相电源相线。

(3)发现异常现象(如发响、发热、焦臭)，应立即切断电源，保持现场，报告指导老师。

(4)注意仪器设备的规格、量程和操作程序，做到不了解性能和用法，不随意使用设备。

(5)电动机必须安放平稳，电动机及按钮金属外壳必须可靠接地。

(6)按钮内接线时，用力不能过猛，以防止螺钉打滑。

(7)安装控制板上的走线槽及电器元件时，必须根据电器元件位置图画线后进行安装，并做到安装牢固、排列整齐、均称、合理、便于走线及更换元件。

(8)紧固各元件时，要受力均匀，紧固程度适当，以防止损坏元件。

(9)各电器元件与走线槽之间的外露导线，要尽可能做到横平竖直、走线合理、美观整齐，变换走向要垂直。

2. 通电前检查

控制线路安装好后，在接电前应进行如下项目的检查。

(1)各个元件的代号、标记是否与原理图上的一致和齐全。

(2)各种安全保护措施是否可靠。

(3)控制电路是否满足原理图所要求的各种功能。

(4)各个电气元件安装是否正确和牢靠。

(5)各个接线端子是否连接牢固。

(6)布线是否符合要求、整齐。

(7)各个按钮、信号灯罩和各种电路绝缘导线的颜色是否符合要求。

(8)电动机的安装是否符合要求。

(9)保护电路导线连接是否正确、牢固可靠。

3. 电气控制线路的安装工艺及要求

(1)安装前应检查各元件性能是否良好。

(2)各元件的安装位置应整齐、均称、间距合理和便于更换元件。紧固各元件时应用力均匀、紧固程度适当。在紧固熔断器、接触器等易碎裂元件时，应用手按住元件一边摇动,一边用旋具轮流旋紧对角线的螺钉,至手感摇不动后再适当旋紧即可。

(3)导线连接可用单股线(硬线)或多股线(软线)连接。用单股线连接时,要求连线横平竖直,沿安装板走线,尽量少出现交叉线,拐角处应为直角。布线应符合平直、整齐、紧贴敷设面、走线合理及接点不得松动等要求,做到美观、整洁、便于检查。用多股线连接时,安装板上应搭配有行线槽,所有连线沿线槽内走线。

(4)走线通道应尽可能得少,同一通道中的沉底导线,按主、控电路分类集中,单层平行密排,并紧贴敷设面。同一平面的导线应高低一致或前后一致,不能交叉。当必须交叉时,可架空但必须走线合理。

(5)布线时应横平竖直、变换走线应垂直,严禁损伤线芯和导线绝缘。导线线头裸露部分不能超过 2 mm。

(6)每个接线柱不允许超过两根导线,每节接线端子板上的连接导线一般只允许连接一根,导线与元件连接要接触良好,以减小接触电阻。

(7)导线与接线柱或接线端子连接时,应该不压绝缘层,不反圈及露铜过长。并做到同一元件、同一回路的不同接点的导线间距离保持一致。导线与元件连接处是螺纹的,导线线头要沿顺时针方向绕线。

→ 操作训练 ————————————————————————————————————●

1. 试比较点动控制线路与自锁控制线路从结构上看的主要区别是什么?从功能上看主要区别是什么?

2. 如图 4-1-6 所示的电动机启、停控制电路有何错误?应如何改正?

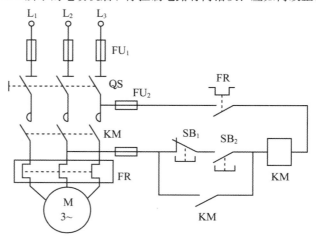

图 4-1-6　电动机启、停控制电路

　　3. 如果将连续运行的控制电路误接成如图 4-1-7 所示的那样，通电操作时会发生
什么情况？

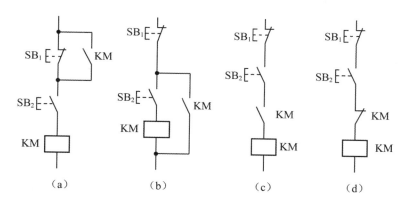

图 4-1-7　误接的连续运行的控制电路

⊙ 知识链接

一、电动机点动控制

微课视频

　　在实际生产中，机械在进行试车和调整时，通常要求点动控制，如工厂中使用的
电动葫芦和机床快速移动装置，龙门刨床横梁的上、下移动，摇臂钻床立柱的夹紧与
放松，桥式起重机吊钩、大车运行的操作控制等都需要单向点动控制。

　　点动控制是用按钮、接触器来控制电动机运转的最简单的单向运转的控制线路，
电动机的运行时间由按钮按下的时间决定，只要按下按钮电动机就转动，松开按钮电
动机就停止动作。

　　如图 4-1-8 和图 4-1-9 所示，点动控制的主要原理是当按下按钮 SB 时，交流接触
器 KM 的线圈得电，从而使接触器的主触点闭合，使三相交流电进入电动机的绕组，
驱动电动机转动。松开 SB 时，交流接触器的线圈失电，使接触器的主触点断开，电
动机的绕组断电而停止转动。

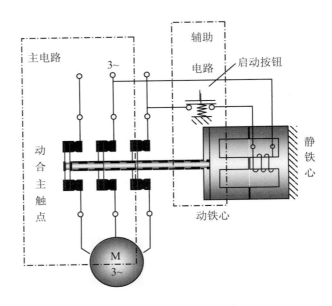

图 4-1-8　点动控制结构示意图

微课视频

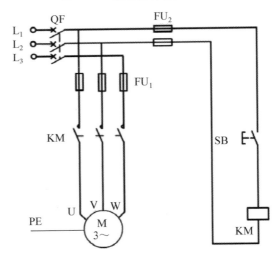

图 4-1-9　电动机点动控制线路电气原理图

二、电动机单向连续运转控制

微课视频

生产机械连续运转是最常见的形式，要求拖动生产机械的电动机能够长时间运转。三相异步电动机自锁控制是指按下启动按钮，电动机转动之后，再松开启动按钮，电动机仍保持转动。其主要原因是交流接触器的常开辅助触点闭合，维持交流接触器的线圈长时间得电，从而使得交流接触器的主触点长时间闭合，电动机长时间转动。这种控制应用在长时连续工作的电动机中，如车床、砂轮机等。

1. 电动机单向连续运转控制结构图

点动控制电路中加自锁（保）触点 KM，则可对电动机实行连续运行控制，又称为长动控制。电路工作原理：在电动机点动控制电路的基础上给启动按钮 SB_2 并联一个交流接触器的常开辅助触点，使得交流接触器的线圈通过其辅助触点进行自锁。当松开按钮 SB_2 时，由于接在按钮 SB_2 两端的 KM 常开辅助触点闭合自锁，控制回路仍保持通路，电动机 M 继续运转。电动机单向连续运转控制结构图如图 4-1-10 所示。

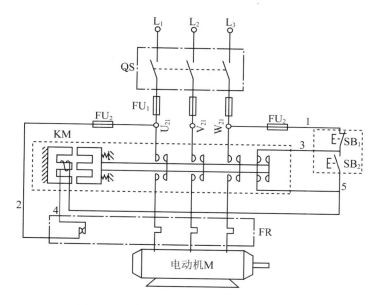

图 4-1-10　电动机单向连续运转控制结构图

2. 电动机单向连续运转控制动作过程

先合上电源开关 QS，引入三相交流电。

微课视频

（1）启动运行。按下按钮 SB_2→KM 线圈得电→KM 主触点和自锁触点闭合→电动机 M 启动连续正转。

（2）停车。按停止按钮 SB_1→控制电路失电→KM 主触点和自锁触点断开→电动机 M 停转。

（3）过载保护。电动机在运行过程中，由于过载或其他原因，使负载电流超过额定值时，经过一定时间，串接在主回路中热继电器 FR 的热元件双金属片受热弯曲，推动串接在控制回路中的常闭触点断开，切断控制回路，接触器 KM 的线圈断电，主触点断开，电动机 M 停转，达到了过载保护的目的。

三、 绘制、 识读电气控制电路图

各种生产机械的电气控制电路常用电路原理图、接线图和布置图来表示。其中原理图用来分析电气控制原理、绘制及识读电气控制接线图、电器元件位置图和指导设备安装、调试与维修的主要依据；布置图用于电器元件的布置和安装；接线图用于安装接线、线路检查和线路维修。

1. 电气原理图

原理图一般分为电源电路、主电路、控制电路和辅助电路四部分，采用电器元件展开图的形式绘制而成。图中虽然包括了各个电器元件的接线端点，但并不按照电器元件实际的布置位置来绘制，也不反映电器元件的大小。

(1)电源电路画成水平线，三相交流电源相序 L_1、L_2、L_3 由上而下依次排列画出，经电源开关后用 U、V、W 或 U、V、W 后加数字标志。中线 N 和保护地线 PE 画在相线之下，直流电源则正端在上、负端在下画出；辅助电路用细实线表示，画在右边(或下部)。

(2)主电路是指受电的动力装置的电路及控制、保护电器的支路等，它由主熔断器、接触器的主触点、热继电器的热元件以及电动机等组成。主电路通过的电流是电动机的工作电流，电流较大。主电路画在电路图的左侧并垂直电源电路。

(3)控制电路是由主令电器的触点、接触器线圈及辅助触点、继电器线圈及触点等组成，控制主电路工作状态。

(4)辅助电路一般由显示主电路工作状态的指示电路、照明电路等组成。辅助电路跨接在两相电源线之间，一般按指示电路和照明电路的顺序依次垂直画在主电路图的右侧。

(5)在原理图中，所有的电器元件都采用国家标准规定的图形符号和文字符号来表示。属于同一电器的线圈和触点，都要用同一文字符号表示。当使用相同类型电器时，可在文字符号后加注阿拉伯数字序号来区分。例如，两个接触器用 KM_1、KM_2 表示。

(6)在原理图中，同一电器的不同部件，常常不绘在一起，而是绘在它们各自完

成作用的地方。例如，接触器的主触点通常绘在主电路中，而吸引线圈和辅助触点则绘在控制电路中，但它们都用 KM 表示。

(7)在原理图中，所有电器触点都按没有通电或没有外力作用时的常态绘出。例如，继电器、接触器的触点，按线圈未通电时的状态画；按钮、行程开关的触点按不受外力作用时的状态画等。

(8)在原理图中，在表达清楚的前提下，尽量减少线条，尽量避免交叉线的出现。两线需要交叉连接时，需用黑色实心圆点表示；两线交叉不连接时，需用空心圆圈表示。

(9)在原理图中，无论是主电路还是辅助电路，各电气元件一般应按动作顺序从上到下、从左到右依次排列，可水平或垂直布置。

(10)原理图的绘制应布局合理、排列整齐，且水平排列垂直排列均可。电路垂直布置时，类似项目横向对齐；水平布置时，类似项目应纵向对齐。

(11)电气元件应按功能布置，并尽可能按工作顺序排列。

2. 接线图

接线图是电路配线安装或检修的工艺图样，它是用标准规定的图形符号绘制的实际接线图。接线图清晰地表示了各电器元件的相对位置和它们之间的连接关系。图中同一电器元件的各个部件被画在一起，各个部件的位置也被尽可能按实际情况排列。但对电器元件的比例和尺寸不做严格要求。

绘制、识读接线图应遵循以下原则。

(1)接线图中一般示出如下内容：电气设备和电器元件的相对位置、文字符号、端子号、导线号、导线类型、导线截面积、屏蔽和导线绞合等。

(2)同一电器元件各部分的标注与原理图一致，以便对照检查接线。

(3)接线图中的导线有单根导线、导线组、电缆等，可用连续线表示，也可用中断线表示。走向相同的导线可以合并而用线束表示，但当其到达接线端子板或电器元件的连接点时应分别画出。图中线束一般用粗实线表示。另外，导线及穿管的型号、根数和规格应在其附近标注清楚。

3. 电器元件布置图

布置图主要是用来表明电气设备上所有电器元件的实际位置，常为采用简化的外形符号(如正方形、矩形、圆形等)绘制的一种简图。布置图为电气控制设备的制造、安装提供工艺性资料,以便于电器元件的布置和安装。图中各电器的文字符号必须与电路图和接线图的标注相一致。

电工工程中,电路原理图、接线图和布置图常被结合使用。

四、 故障检测方法

1. 故障分析

将控制电路按功能环节分为启动环节、电气联锁环节、保护环节、自动环节、调速环节等,或将各电气回路分解成环节电路(即将一个或多个电气元件用导线连接起来,完成某种单一功能的电路)。根据通电试车的现象特征,结合控制电路各回路功能分析和细化了的功能环节电路,与故障特征相对照,估计故障发生的回路,将故障范围缩小到某一环节内。值得注意的是,在实际操作过程当中,同一故障现象可能由多种原因引起。所以在分析故障时应全面考虑,将有可能引起这一故障的所有原因都列举出来。并通过分析对比,按出现的概率进行排序,进而逐一排查。

2. 故障检测

寻找故障元件及故障点时在通电状态下或断电状态下进行均可。

(1)断电状态下。断电状态下对电路进行故障点的检测常用电阻法,即用仪表测量电路的电阻值,通过电阻值的对比进行电路故障判断的一种方法。利用电阻法对线路中的断线、触点虚接等故障进行检查,一般可以迅速地找到故障点。但在使用电阻法测量检查故障时,一定要切断电源。若被测电路与其他电路并联时,必须将该电路与其他电路断开,否则得不到准确的结果,具体测量方法如下。

①分阶测量法。如图 4-1-11 所示,按下 SB_2,接触器 KM_1 不吸合,该电气回路有断路故障。

用万用表的电阻档检测前,先断开电源,然后按下 SB_2 不放松,先测量 1—7 两点间的电阻,如果电阻值为无穷大,则说明 1—7 的电路断开。然后分阶测量 1—2、1—3、1—4、1—5、1—6 各点间的电阻值。若电路正常,上述各点间电阻值为 0,当测到某两点间电阻为无穷大时,则说明表笔刚刚跨过的触点或连接线断路。

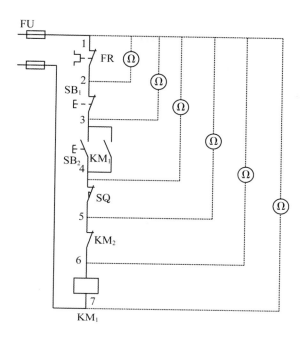

图 4-1-11 电阻分阶测量法

②分段测量法。如图 4-1-12 所示，检查前先切断电源，按下启动按钮 SB₂ 不松开，然后依此逐段测量相邻两标号点 1—2、2—3、3—4、4—5、5—6 间的电阻。如果测得某两点间的电阻为无穷大，说明这两点间的触点或连接导线断路。例如，当测得 2—3 两点间电阻值为无穷大时，说明停止按钮 SB₁ 或连接 SB₁ 导线断路。

（2）通电状态下。通电状态下对电路进行故障检测可以通过测量电路的电压或电流来确定故障点的位置。其中，通过测量电路电压确定故障点位置时，不需要拆卸元件及导线，即可进行测量，同时机床处在实际使用条件下，提高了故障识别的准确性。这种方法又称电压法，在机床电路带电状态下进行，测量各接点之间的电压值，通过对电压的测量值与机床正常工作时应具有的电压值相比较，以此来判断故障点及故障元件的位置。

采用电压法进行故障检测时常用的测量工具有试电笔、万用表等。其中万用表在测量电压时，测量范围大，而且交直流电压均可测量，是使用最多的一种工具。

用电压法检测电路故障时应注意：

①检测前要熟悉可能存在故障的线路及各点的编号。弄清楚线路走向、元件部位，核对编号。

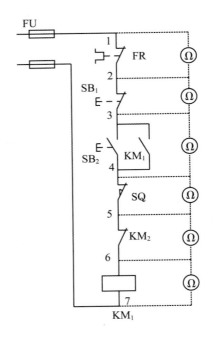

图 4-1-12   电阻分段测量法

②了解线路各点间正常时应具有的电压值。

③记录各点间电压的测量值，并与正常值比较，做出分析判断以确定故障点及故障元件的位置。

如图 4-1-13 所示，先测量 1—8 之间的正常电压为 380 V，对如图电路进行分段测量电压并记录测量的电压值，与正常电压相比较即可找出故障点。

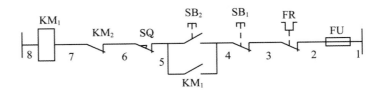

图 4-1-13   故障电路分析举例

电路情况及所测线路电压、故障点见表 4-1-2。

表 4-1-2 分段测量法查找故障点

电路情况	线路电压/V							故障点
	1—2	2—3	3—4	4—5	5—6	6—7	7—8	
按下 SB₂，KM₁ 不吸合	380	0	0	0	0	0	0	FU 熔断
按下 SB₂，KM₁ 不吸合	0	380	0	0	0	0	0	FR 常闭触点接触不良
按下 SB₂，KM₁ 不吸合	0	0	380	0	0	0	0	SB 常闭触点接触不良
按下 SB₂，KM₁ 不吸合	0	0	0	380	0	0	0	SB₂接线不良
按下 SB₂，KM₁ 不吸合	0	0	0	0	380	0	0	SQ 常闭触点接触不良
按下 SB₂，KM₁ 不吸合	0	0	0	0	0	380	0	KM₂ 常闭触点接触不良
按下 SB₂，KM₁ 不吸合	0	0	0	0	0	0	380	KM₁ 线圈断线

五、 电动机单向连续运转控制电路常见故障及处理方法

电动机单向连续运转控制线路常见故障及处理方法见表 4-1-3。

表 4-1-3 电动机单向连续运转控制线路常见故障及处理方法

常见故障	故障原因	处理方法
电动机不启动	1. 熔断器熔体熔断 2. 自锁触点和启动按钮串联 3. 交流接触器不动作 4. 热继电器未复位	1. 查明原因排除后更换熔体 2. 改为并联 3. 检查线圈或控制回路 4. 手动复位
发出"嗡嗡"声，缺相	动、静触点接触不良	对动静触点进行修复
跳闸	1. 电动机绕阻烧毁 2. 线路或端子板绝缘击穿	1. 更换电动机 2. 查清故障点排除
电动机不停车	1. 触点烧损粘连 2. 停止按钮接点粘连	1. 拆开修复 2. 更换按钮

续表

常见故障	故障原因	处理方法
电动机时通时断	1. 自锁触点错接成常闭触点 2. 触点接触不良	1. 改为常开 2. 检查触点接触情况
只能点动	1. 自锁触点未接上 2. 并接到停止按钮上	1. 检查自锁触点 2. 并接到启动按钮两侧

六、 电气控制系统的保护环节

电动机在运行的过程中，除按生产机械的工艺要求完成各种正常运转外，还必须在线路出现短路、过载、欠压、失压等现象时，能自动切断电源停止转动，以防止和避免电气设备和机械设备的损坏事故，保证操作人员的人身安全。常用的电动机的保护有短路保护、过载保护、欠压保护、失压保护(零压保持)等。

1. 短路保护

当电动机绕组和导线的绝缘损坏时，或者控制电器及线路损坏发生故障时，线路将出现短路现象，产生很大的短路电流，使电动机、电器、导线等电器设备严重损坏。因此，在发生短路故障时，为保护电器必须立即动作，迅速将电源切断。

常用的短路保护电器是熔断器和自动空气断路器。熔断器的熔体与被保护的电路串联，当电路正常工作时，熔断器的熔体不起作用，相当于一根导线，其上面的压降很小，可忽略不计。当电路短路时，很大的短路电流流过熔体，使熔体立即熔断，切断电动机电源，电动机停转。同样若电路中接入自动空气断路器，当出现短路时，自动空气断路器会立即动作，切断电源使电动机停转。

2. 过载保护

当电动机负载过大，启动操作频繁或缺相运行时，会使电动机的工作电流长时间超过其额定电流，电动机绕组过热，温升超过其允许值，导致电动机的绝缘材料变脆，寿命缩短，严重时会使电动机损坏。因此，当电动机过载时，保护电器应动作切断电源，使电动机停转，避免电动机在过载下运行。

常用过载保护电器是热继电器。当电动机的工作电流等于额定电流时，热继电器不动作，电动机正常工作；当电动机短时过载或过载电流较小时，热继电器不动作，或经过较长时间才动作；当电动机过载电流较大时，串接在主电路中的热元件会在较短时内发热弯曲，使串接在控制电路中的常闭触点断开，先后切断控制电路和主电路的电源，使电动机停转。

3. 欠压保护

当电网电压降低，电动机便在欠压下运行。由于电动机负载没有改变，所以欠压下电动机转速下降，定子绕组中的电流增加。因此电流增加的幅度尚不足以使熔断器和热继电器动作，所以这两种电器起不到保护作用。如不采取保护措施，时间一长将会使电动机过热损坏。另外，欠压将引起一些电器释放，使电路不能正常工作，也可能导致人身伤害和设备损坏事故。因此，应避免电动机欠压下运行。

实现欠压保护的电器是接触器和电磁式电压继电器。在机床电气控制线路中，只有少数线路专门装设了电磁式电压继电器起欠压保护作用；而大多数控制线路，由于接触器已兼有欠压保护功能，所以不必再加设欠压保护电器。一般当电网电压降低到额定电压的85％以下时，接触器(电压继电器)线圈产生的电磁吸力减小到复位弹簧的拉力，动铁心被释放，其主触点和自锁触点同时断开，切断主电路和控制电路电源，使电动机停转。

4. 失压保护(零压保护)

生产机械设备在工作时，由于某种原因发生电网突然停电，这时电源电压下降为零，电动机停转，生产机械设备的运动部件随之停止转动。一般情况下，操作人员不可能及时拉开电源开关，如不采取措施，当电源恢复正常时，电动机会自行启动运转，很可能造成人身伤害和设备损坏事故，并引起电网过电流和瞬间网络电压下降。因此，必须采取失压保护措施。

在电气控制线路中，起失压保护作用的电器是接触器和中间继电器。当电网停电时，接触器和中间继电器线圈中的电流消失，电磁吸力减小为零，动铁心释放，触点复位，切断了主电路和控制电路电源。当电网恢复供电时，若不重新按下启动按钮，则电动机就不会自行启动，实现了失压保护。

→ 思考与练习

一、填空题

1. 电气原理图中热继电器的热元件要串接在_____中，常闭触点要串接在_____中。

2. 在电气工程图样中能够充分表达电气设备和电器的用途以及线路工作原理的是_____。

3. 在电气原理图中接触器的主触点绘制在_____电路中，辅助触点和线圈绘制在_____电路中。

二、简答题

1. 简述电气图的类型及作用。

2. 如何用试电笔检测电路的通断电状态？为什么？

3. 电动机主电路中已装有熔断器，为什么还要再装热继电器？它们各起什么作用？能不能互相替代？为什么？

4. 简述自锁的定义及实现方法。

→ 任务评价

经过学习之后，请填写任务完成质量评价表，见表4-1-4。

表 4-1-4　任务完成质量评价表

项目内容	配分	评 分 标 准	得分
器材准备	5 分	不清楚元器件的功能及作用(扣 2 分)	
		不能正确选用元器件(扣 3 分)	
工具、仪表的使用	5 分	不会正确使用工具(扣 2 分)	
		不能正确使用仪表(扣 3 分)	
装前检查	10 分	电动机质量检查(每漏一处扣 2 分)	
		电器元件漏检或错检(每处扣 2 分)	
安装元件	20 分	安装不整齐、不合理(每件扣 5 分)	
		元件安装不紧固(每件扣 4 分)	
		损坏元件(每件扣 15 分)	

续表

项目内容	配分	评 分 标 准	得分
布线	30分	不按电路图接线(扣 10 分)	
		布线不符合要求 (主电路每根扣 4 分,控制电路每根扣 2 分)	
		损伤导线绝缘或线芯(每根扣 5 分)	
		接点松动、露铜过长、压绝缘层、反圈等(每个接点扣 1 分)	
		漏套或错套编码套管(教师要求)(每处扣 2 分)	
		漏接接地线(扣 10 分)	
通电试车	30分	热继电器未整定或整定错(扣 5 分)	
		熔体规格配错(主、控电路各扣 5 分)	
		第一次试车不成功(扣 10 分) 第二次试车不成功(扣 20 分) 第三次试车不成功(扣 30 分)	
安全文明生产	10分	违反安全文明操作规程(视实际情况进行扣分)	
备注		如果未能按时完成,根据情况酌情扣分	
开始时间		结束时间	实际时间		总成绩		

任务 2 电动机单向点动与连续运转混合控制线路安装

任务描述

　　熟练阅读电动机单向点动和连续运转混合控制线路电气原理图,分析其工作原理。根据原理图选择线路安装所需低压电器元件并检测其质量好坏;画出合理布局的平面布置图,进行器件的安装;画出安装接线图,按工艺要求,进行线路的安装;安装连接完毕后,能熟练地对电路进行静态检测;如有故障,能根据故障现象,找出故障原因并排除。

→ 实践操作 ————————————————————

1. 配齐需要的工具，仪表和合适的导线

根据线路安装的要求配齐工具(如尖嘴钳、一字螺钉旋具、十字钉旋具、剥线钳、试电笔等)，仪表(如万用表等)。根据控制对象选择合适的导线，主电路采用 BV1.5 mm²(红色、绿色、黄色)；控制电路采用 BV0.75 mm²(黑色)；按钮线采用 BVR0.75 mm²(红色)；接地线采用 BVR1.5 mm²(黄绿双色)。

2. 阅读分析电气原理图

读懂电动机点动与连续运转控制线路电气原理图，如图 4-2-1 所示。明确线路所用器件及作用，并根据原理图画出布局合理的平面布置图和电气接线图。

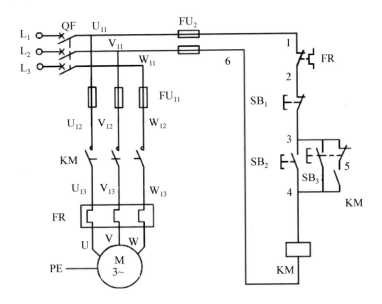

图 4-2-1 电动机单向点动与连续运转混合控制线路电气原理图

3. 器件选择

根据原理图正确选择线路安装所需要的低压电器元件，并明确其型号规格、个数及用途，见表 4-2-1。

表 4-2-1 电气元件明细表

符号	名称	型号及规格	数量	用途
QF	空气开关	DZ47-60 C60	1	三相交流电源引入
M	电动机	YS-5024W	1	
SB_1	停止按钮	LAY7	1	停止
SB_3	点动按钮	LAY7	1	点动
SB_2	长动按钮	LAY7	1	长动
FU_1	主电路熔断器	RT18-32 5 A	3	主电路短路保护
FU_2	控制电路熔断器	RT18-32 1 A	2	控制电路短路保护
KM	交流接触器	CJX2-1210	1	控制电动机运行
FR	热继电器	JRS1 整定：2.5—4A	1	过载保护
	导线	BV 1.5 mm²		主电路接线
	导线	BVR 0.75 mm²，1.5 mm²		控制电路接线，接地线
XT	端子排	主电路 TB-2512L	1	
XT	端子排	控制电路 TB-1512	1	

4. 器件检测固定

使用万用表对所选低压电器进行检测后，根据元件布置图安装固定电器元件。安装布置图如图 4-2-2 所示。

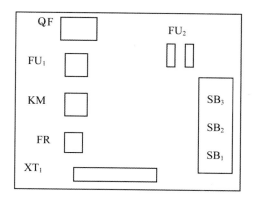

图 4-2-2 电动机单向点动与连续运转控制线路元件布置图

5. 电动机单向点动与连续运转混合控制线路连接

根据电气原理图和图 4-2-3 所示的电气接线图完成控制电路的连接。

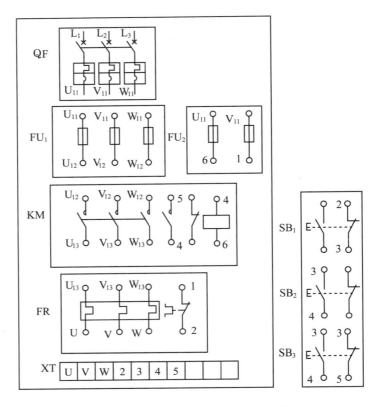

图 4-2-3　点动和长动混合控制电路电气接线图

(1)主电路连接。将三相交流电源的三条火线接在电源开关 QF 的三个进线端上，QF 的出线端分别接在三只熔断器 FU_1 的进线端，FU_1 的出线端分别接在交流接触器 KM 的三对主触点的进线端，KM 主触点出线端分别与热继电器 FR 的热元件进线端相连，FR 热元件出线端通过端子排与电动机接线端子 U_1、V_1、W_1 相连。

(2)控制线路连接。按从上至下、从左至右的原则，等电位法，逐点清，以防漏线。

具体接线：任取两个主电路短路保护熔断器，出线端接在两只熔断器 FU_2 的进线端。

1 点：任取一只熔断器，将其出线端与热继电器 FR 常闭触点的进线端相连。

2 点：热继电器 FR 常闭触点的出线端通过端子排与停止按钮 SB_1 常闭触点进线

端相连。

3 点：停止按钮 SB_1 常闭触点的出线端与长动启动按钮 SB_2 和点动启动按钮 SB_3 的常开触点进线端及 SB_3 常闭触点的进线端在按钮内部连接。

4 点：KM 辅助常开触点出线端与其线圈进线端相连后，通过端子排与 SB_2 和 SB_3 常开触点出线端相连。

5 点：SB_3 常开触点进线端通过端子排与 KM 辅助常开触点进线端相连。

6 点：KM 线圈出线端与另一只熔断器的出线端相连。

6. 静态检测

(1)根据原理图和电气接线图从电源端开始，逐点核对接线及接线端子处连接是否正确，有无漏接、错接之处。检查导线接点是否符合要求，压接是否牢固。

(2)主电路和控制电路通断检测

①主电路检测。接线完毕，反复检查确认无误后，在不通电的状态下对主电路进行检查。按下 KM 主触点，万用表置于电阻档，若测得各相电阻基本相等且近似为"0"；而放开 KM 主触点，测得各相电阻为"∞"，则接线正确。

②控制电路检测。选择万用表的 R×1 档，然后红、黑表笔对接调零。

检查点动控制电路通断：断开主电路，按下点动按钮 SB_3，万用表读数应为接触器线圈的直流电阻值(如 CJX2 线圈直流电阻约为 15 Ω)，松开 SB_3，万用表读数为"∞"。

检查连续运转控制电路通断：断开主电路，按下启动按钮 SB_2，万用表读数应为接触器线圈的直流电阻值(如 CJX2 线圈直流电阻约为 15 Ω)，松开 SB_2 或按下 SB_1，万用表读数为"∞"。

检查控制电路自锁：松开 SB_3，按下 KM 触点架，使其自锁触点闭合，将万用表红黑表笔分别放在图 4-2-1 中的 1 点和 6 点上，万用表读数应为接触器的直流电阻值。

停车控制检查：按下 SB_2 或 SB_3 或 KM 触点架，将万用表红黑表笔分别放在图 4-2-1 中的 1 点和 6 点上，万用表读数应为接触器的直流电阻值；然后同时再按下停止按钮 SB_1，万用表读数变为"∞"。

7. 安装电动机

安装电动机并完成电源、电动机(按要求接成星形或三角形)和电动机保护接地线等控制面板外部的线路连接。

8. 通电试车

通电试车必须在指导教师现场监护下严格按安全规程的有关规定操作,防止安全事故的发生。

通电时先接通三相交流电源,合上空气开关 QF。按下 SB$_2$,电动机应连续运转。按下 SB$_1$,电动机停止运转,电动机长动运行正常。按下 SB$_3$ 电动机运转,松开 SB$_3$ 电动机停止运转,电动机点动运行正常。操作过程中,观察各器件动作是否灵活,有无卡阻及噪声过大等现象,电动机运行有无异常。发现问题,应立即切断电源进行检查。

⊙ 操作训练

电动机单向点动和连续运转混合控制线路,在长期工作后可能出现失去自锁作用。试分析产生的原因?

⊙ 经验分享

(1)点动采用复合按钮,其常闭触点必须串联在电动机的自锁控制电路中。

(2)通电试验车时,应先合上 QF,再按下按钮 SB$_2$ 或 SB$_3$,并确保用电安全。

⊙ 知识链接

微课视频

一、 电动机点动与连续运转混合控制线路工作过程

先合上电源开关 QF,引入三相交流电。

(1)点动控制。按下点动启动按钮 SB$_3$,SB$_3$ 常闭触点先断开,切断 KM 辅助触点电路;SB$_3$ 常开触点再闭合,KM 线圈得电,KM 主触点闭合,电动机 M 启动运转。同时,KM 辅助常开触点闭合,但因 SB$_3$ 常闭触点已分断,不能实现自保。

松开按钮 SB$_3$,KM 线圈失电,KM 主触点断开(KM 辅助触点也断开)后,SB$_3$ 常闭触点再恢复闭合,电动机 M 停止运转,点动控制实现。

(2)连续运转控制。按下长动启动按钮 SB$_2$,KM 线圈得电,KM 主触点闭合,同时 KM 辅助触点也闭合,实现自锁,电动机 M 启动并连续运行,长动控制实现。

(3)停止。按下停止按钮 SB$_1$,KM 线圈失电,KM 主触点断开,电动机 M 停止运转。

二、 电动机点动与连续运转混合控制电路方式

在生产实践过程中，机床设备正常工作需要电动机连续运行，而试车和调整刀具与工件的相对位置时，又要求"点动"控制。为此生产加工工艺要求控制电路既能实现"点动控制"又能实现"连续运行"工作，以用于试车、检修以及机床主轴的调整和连续运转等。

电动机点动与连续运转混合控制方式，除了上述使用复合按钮的控制方法外，还有两种常用的控制方法：使用开关控制如图 4-2-4(a)所示；使用中间继电器控制，如图 4-2-4(b)所示。

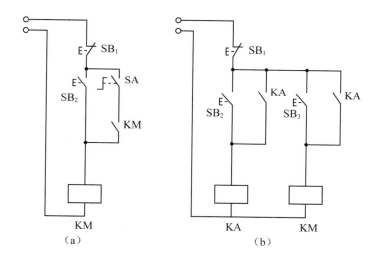

图 4-2-4　点动与连续混合控制电路原理图

三、 常见故障分析

电动机单向点动与连续混合控制电路故障发生率比较高。常见故障主要有以下几方面原因。

(1)接通电源后，按启动按钮(SB_2 或 SB_3)，接触器吸合，但电动机不转且发出"嗡嗡"声响；或者虽能启动，但转速很慢。

分析：这种故障大多是主回路一相断线或电源缺相。

(2)按下按钮 SB_2，控制电路时通时断。

分析：自锁触点错接成常闭触点。

(3)接通电源后按下启动按钮,电路不动作。

分析:KM线圈未接入控制回路。

→ 思考与练习 ────────────────────────

一、填空题

1. 电动机长动和点动控制的区别关键在于_____触点是否接入。

2. 复合按钮复位顺序为_____按钮先断开,_____按钮后闭合。

二、简答题

1. 分析使用开关和中间继电器点动与连续运转混合控制线路的工作过程。

2. 中间继电器的结构和工作原理是什么?在电路中起到什么作用?

3. 在实习过程中,生产车间有哪些我们学过的低压电器或用电设备?

→ 任务评价 ────────────────────────

经过学习之后,请填写任务完成质量评价表,见表4-2-2。

表 4-2-2　任务完成质量评价表

项目内容	配分	评 分 标 准	得分
器材准备	5分	不清楚元器件的功能及作用(扣2分)	
		不能正确选用元器件(扣3分)	
工具、仪表的使用	5分	不会正确使用工具(扣2分)	
		不能正确使用仪表(扣3分)	
装前检查	10分	电动机质量检查(每漏一处扣2分)	
		电器元件漏检或错检(每处扣2分)	
安装元件	20分	安装不整齐、不合理(每件扣5分)	
		元件安装不紧固(每件扣4分)	
		损坏元件(每件扣15分)	
布线	30分	不按电路图接线(扣10分)	
		布线不符合要求 (主电路每根扣4分,控制电路每根扣2分)	
		损伤导线绝缘或线芯(每根扣5分)	
		接点松动、露铜过长、压绝缘层、反圈等 (每个接点扣1分)	

续表

项目内容	配分	评　分　标　准	得分
布线	30 分	漏套或错套编码套管（教师要求）（每处扣 2 分）	
		漏接接地线（扣 10 分）	
通电试车	30 分	热继电器未整定或整定错（扣 5 分）	
		熔体规格配错（主、控电路各扣 5 分）	
		第一次试车不成功（扣 10 分） 第二次试车不成功（扣 20 分） 第三次试车不成功（扣 30 分）	
安全文明生产	10 分	违反安全文明操作规程（视实际情况进行扣分）	
备注		如果未能按时完成，根据情况酌情扣分	
开始时间	结束时间	实际时间	总成绩

任务 3　两台电动机顺序启动逆序停止控制线路安装

➔ 任务描述

　　熟练阅读两台电动机顺序启动逆序停止控制线路电气原理图，分析其工作原理。根据原理图选择线路安装所需的低压电器元件并检测其质量好坏；画出合理布局的平面布置图，进行器件的安装；画出安装接线图，按工艺要求，进行线路的安装；安装连接完毕后，能熟练地对电路进行静态检测；如有故障，能根据故障现象，找出故障原因并排除。

➔ 资料拓展

　　两台电动机按照一定的顺序先后启动，井然有序，类似于"长幼有序"。"或饮食，或坐走，长者先，幼者后"出自中国的传统启蒙教材《弟子规》，崇尚敬老尊贤的美德，渗透传统文化的浸润思想。中华优秀传统文化源远流长、博大精深，是中华文明的智慧结晶。我们必须坚定历史自信、文化自信、坚持古为今用、推陈出新。发展社会主义先进文化，弘扬革命文化，传承中华优秀传统文化，满足人民日益增长的精神文化需求，巩固全党全国各族人民团结奋斗的共同思想基础，不断提升国家文化软实力和中华文化影响力。

→ 实践操作

1. 配齐所需工具、仪表和连接导线

根据线路安装的要求配齐工具(如尖嘴钳、一字螺钉旋具、十字螺钉旋具、剥线钳、试电笔等),仪表(如万用表等)。根据控制对象选择合适的导线,主电路采用 BV1.5 mm²(红色、绿色、黄色);控制电路采用 BV0.75 mm²(黑色);按钮线采用 BVR0.75 mm²(红色);接地线采用 BVR1.5 mm²(黄绿双色)。

2. 阅读分析电气原理图

读懂两台电动机顺序启动逆序停止控制线路电气原理图,如图 4-3-1 所示。明确线路所用器件及作用。并画出布局合理的平面布置图和电气接线图。

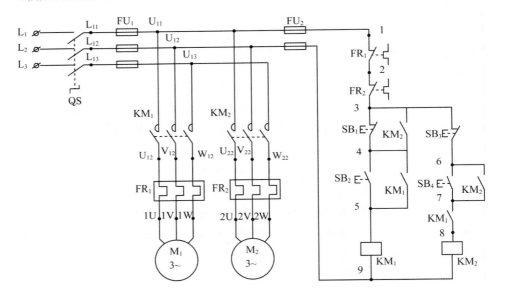

图 4-3-1 两台电动机顺序启动逆序停止控制线路原理图

3. 器件选择

根据原理图正确选择线路安装所需要的低压电器元件,并明确其型号规格、个数及用途,见表 4-3-1。

表 4-3-1 电气元件明细表

符号	名称	型号及规格	数量	用途
QS	转换开关	HZ10-25/3	1	三相交流电源引入
M	电动机	YS-5024W	2	
SB₂	M₁ 启动按钮	LAY7	1	启动

续表

符号	名称	型号及规格	数量	用途
SB$_1$	M$_1$ 停止按钮	LAY7	1	停止
SB$_4$	M$_2$ 启动按钮	LAY7	1	启动
SB$_3$	M$_2$ 停止按钮	LAY7	1	停止
FU$_1$	主电路熔断器	RT18-32　5 A	3	主电路短路保护
FU$_2$	控制电路熔断器	RT18-32　1 A	2	控制电路短路保护
KM	交流接触器	CJX2-1210	2	控制电动机运行
FR	热继电器	JRS1-09308	2	过载保护
	导线	BV　1.5 mm^2		主电路接线
	导线	BVR 0.75 mm^2，1.5 mm^2		控制电路接线，接地线
XT	端子排	主电路 TB-2512L	1	
XT	端子排	控制电路 TB-1512	1	

4. 器件检测安装固定

使用万用表对所选低压电器元件进行检测后，根据元件布置图安装固定电器元件。安装布置图如图 4-3-2 所示。

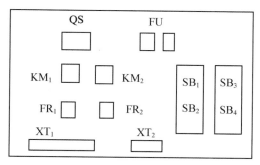

图 4-3-2　两台电动机顺序启动逆序停止安装图

5. 两台电动机顺序启动逆序停止控制线路连接

根据电气原理图和图 4-3-3 所示的电气接线图完成控制电路连接。

（1）主电路连接。将三相交流电源的三条火线接在转换开关 QS 的三个进线端上，QS 的出线端分别接在熔断器 FU$_1$ 进线端，FU$_1$ 出线端分别接交流接触器 KM$_1$ 和 KM$_2$ 的三对主触点的进线端，KM$_1$ 主触点出线端分别与热继电器 FR$_1$ 的热元件进线端相连，KM$_2$ 主触点出线端分别与热继电器 FR$_2$ 的热元件进线端相连，FR$_1$ 和 FR$_2$ 热元件出线端通过端子排分别与电动机 M$_1$ 和 M$_2$ 相连。

微课视频

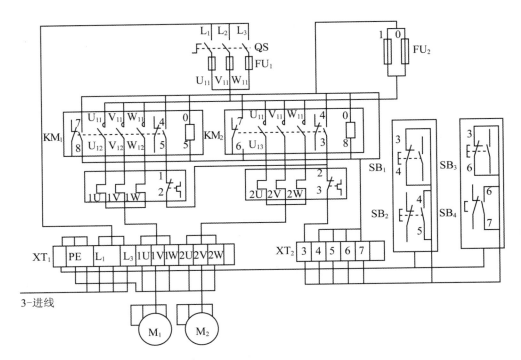

图 4-3-3　两台电动机顺序启动逆序停止电气接线图

（2）控制线路连接。任取主电路两个熔断器，其出线端接在控制电路两只熔断器 FU_2 的进线端。

1 点：任取一只熔断器，将其出线端与热继电器 FR_1 常闭触点的进线端相连。

2 点：热继电器 FR_1 常闭触点的出线端与热继电器 FR_2 常闭触点的进线端相连。

3 点：热继电器 FR_2 常闭触点的出线端与交流接触器 KM_2 的常开触点进线端相连后，通过端子排与停止按钮 SB_1 和 SB_3 常闭触点进线端相连。

4 点：停止按钮 SB_1 常闭触点出线端与启动按钮 SB_2 常开触点进线端在按钮内部连接后，通过端子排与 KM_2 辅助常开触点出线端和 KM_1 辅助常开触点进线端相连。

5 点：启动按钮 SB_2 常开触点出线端通过端子排与 KM_1 线圈进线端和 KM_1 辅助常开触点出线端相连。

6 点：停止按钮 SB_3 常闭触点出线端与启动按钮 SB_4 常开触点进线端在按钮内部连接后，通过端子排与 KM_2 辅助常开触点进线端相连。

7 点：KM_2 辅助常开触点出线端与 KM_1 另一辅助常开触点的进线端相连后，通过端子排与启动按钮 SB_4 常开触点出线端相连。

8 点：KM_1 常开触点出线端与 KM_2 线圈进线端相连。

0 点：交流接触器 KM_1 和 KM_2 线圈出线端与另一只熔断器的出线端相连。

6．安装电动机

安装电动机并完成电源、电动机(按要求接成星形或三角形)和电动机保护接地线等控制面板外部的线路连接。

7．静态检测

(1)根据原理图和电气接线图从电源端开始，逐点核对接线及接线端子处连接是否正确，有无漏接、错接之处。检查导线接点是否符合要求，压接是否牢固。

(2)进行主电路和控制电路通断检测。

①主电路检测。接线完毕，反复检查确认无误后，在不通电的状态下对主电路进行检查。分别按下 KM_1 和 KM_2 主触点，万用表置于电阻档，若测得各相电阻基本相等且近似为"0"；而放开 KM_1 和 KM_2 主触点，测得各相电阻为"∞"，则主电路接线正确。

②控制电路检测。选择万用表的 $R×1$ 档，然后红、黑表笔对接调零。

检查 KM_1 支路通断：断开主电路，按下启动按钮 SB_2 或 KM_1 的触点架，万用表读数应为接触器线圈的直流电阻值(如 CJX2 线圈直流电阻约为 15 Ω)，松开 SB_2 或按下 SB_1，万用表读数为"∞"。

检查顺序启动控制功能：按下接触器 KM_1 触点架，使其常开触点闭合，按下启动按钮 SB_4，由于交流接触器 KM_1 和 KM_2 线圈回路均闭合，两者并联，万用表读数应为接触器的直流电阻值的一半。

检查顺序停止控制功能：同时按下接触器 KM_1 和 KM_2 触点架，使其常开触点闭合，按下停止按钮 SB_1，万用表读数仍为接触器的直流电阻值的一半。松开 KM_2 触点架，此时万用表读数为交流接触器的直流电阻值，再按下停止按钮 SB_1 万用表读数为"∞"。

8．通电试车

通电试车必须在指导教师现场监护下严格按安全规程的有关规定操作，防止安全事故的发生。

接通三相电源 L_1、L_2、L_3，合上电源开关 QS，用电笔检查熔断器出线端，氖管亮说明电源接通。分别按下启动按钮 SB_2 和 SB_4 以及停止按钮 SB_3 和 SB_1，观察是否符合线路功能要求，观察电器元件动作是否灵活，有无卡阻及噪声过大现象，观察电动机运行是否正常。若有异常，立即停车检查。

9. 常见故障分析

(1)KM$_1$ 不能实现自锁。

分析：原因可能有以下两个。

一是 KM$_1$ 的辅助常开触点接错，接成常闭触点，KM$_1$ 吸合常闭断开，所以没有自锁；

二是 KM$_1$ 常开和 KM$_2$ 常开位置接错，KM$_1$ 吸合时 KM$_2$ 还未吸合，KM$_2$ 的辅助常开触点是断开的，所以 KM$_1$ 不能自锁。

(2)不能实现顺序启动，可以先启动 M$_2$。

分析：M$_2$ 可以先启动，说明 KM$_2$ 的控制电路中的 KM$_1$ 常开互锁辅助触点没起作用，KM$_1$ 的互锁触点接错或没接，这就使得 KM$_2$ 不受 KM$_1$ 控制而可以直接启动。

(3)不能顺序停止，KM$_1$ 能先停止。

分析：KM$_1$ 能停止这说明 SB$_1$ 起作用，并接的 KM$_2$ 常开触点没起作用。原因可能有以下两个。

一是并接在 SB$_1$ 两端的 KM$_2$ 辅助常开触点未接；

二是并接在 SB$_1$ 两端的 KM$_2$ 辅助触点接成了常闭触点。

(4)SB$_1$ 不能停止。

分析：原因可能是 KM$_1$ 接触器用了两对辅助常开触点，KM$_2$ 只用了一个辅助常开触点，SB$_1$ 两端并接的不是 KM$_2$ 的常开触点而是 KM$_1$ 的常开触点，由于 KM$_1$ 自锁后常开触点闭合，所以 SB$_1$ 不起作用。

⊙→ 经验分享

(1)要求甲接触器 KM$_1$ 动作后，乙接触器 KM$_2$ 才能动作，则将甲接触器的常开触点串在乙接触器的线圈电路。

(2)要求乙接触器 KM$_2$ 停止后，甲接触器 KM$_1$ 才能停止，则将乙接触器的常开触点并接在甲停止按钮的两端。

⊙→ 操作训练

1. 检测排除如下故障。

电动机 M$_1$ 启动后按下启动按钮 SB$_2$，电动机 M$_2$ 不能启动。

2. 某机床的主轴和润滑油泵各由一台笼型异步电动机拖动，为其设计主电路和控制电路。控制要求如下。

(1)主轴电动机只能在油泵电动机启动后才能启动；

(2)若油泵电动机停车，则主轴电动机应同时停车；

(3)主轴电动机可以单独停车；

(4)两台电动机都需要短路保护、过载保护。

⊙ 知识链接 ——————————————————————————————————

在实际生产中，有些设备常需要电动机按一定的顺序启动，如铣床工作台进给电动机必须在主轴电动机已启动的条件下才能启动工作。再如车床主轴转动时，要求油泵先给润滑油，主轴停止后，油泵方可停止润滑，即要求油泵电动机先启动，主轴电动机后启动，主轴电动机停止后，才允许油泵电动机停止。控制设备完成这样顺序启动电动机动作的电路，称为顺序控制或条件控制电路。在生产实践中，根据生产工艺的要求，经常要求各种运动部件之间或生产机械之间能够按顺序工作。

1. 主电路实现顺序控制电路图

顺序控制电路中除了以上介绍的通过控制电路来实现外，还可以通过主电路来实现顺序控制功能，如图 4-3-4 所示。

微课视频

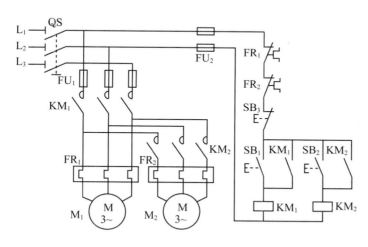

图 4-3-4　主电路实现顺序控制电路图

2. 线路特点

电动机 M_2 主电路的交流接触器 KM_2 接在接触器 KM_1 之后，只有 KM_1 的主触点闭合后，KM₂ 才可能闭合，这样就保证了 M₁ 启动后，M₂ 才能启动的顺序控制要求。

3. 线路工作过程

合上电源开关 QS。按下 SB₁→KM₁ 线圈得电→KM₁ 主触点闭合→电动机 M₁ 启动连续运转→再按下 SB₂→KM₂ 线圈得电→KM₂ 主触点闭合→电动机 M₂ 启动连续运转。

按下 SB₃→KM₁ 和 KM₂ 主触点断开→电动机 M₁ 和 M₂ 同时停转。

思考与练习

1. 设计实现电动机 M₁ 和 M₂ 顺序启动顺序停止的顺序控制电路。

2. 如何实现电动机 M₁ 启动后 10 s 电动机 M₂ 自动启动？

任务评价

经过学习之后，请填写任务质量完成评价表，见表 4-3-2。

表 4-3-2　任务质量完成评价表

项目内容	配分	评 分 标 准	得分
器材准备	5分	不清楚元器件的功能及作用(扣2分)	
		不能正确选用元器件(扣3分)	
工具、仪表的使用	5分	不会正确使用工具(扣2分)	
		不能正确使用仪表(扣3分)	
装前检查	10分	电动机质量检查(每漏一处扣2分)	
		电器元件漏检或错检(每处扣2分)	
安装元件	20分	安装不整齐、不合理(每件扣5分)	
		元件安装不紧固(每件扣4分)	
		损坏元件(每件扣15分)	
布线	30分	不按电路图接线(扣10分)	
		布线不符合要求 (主电路每根扣4分，控制电路每根扣2分)	
		损伤导线绝缘或线芯(每根扣5分)	

续表

项目内容	配分	评 分 标 准			得分
布线	30分	接点松动、露铜过长、压绝缘层、反圈等 （每个接点扣1分）			
		漏套或错套编码套管(教师要求)(每处扣2分)			
		漏接接地线(扣10分)			
通电试车	30分	热继电器未整定或整定错(扣5分)			
		熔体规格配错(主、控电路各扣5分)			
		第一次试车不成功(扣10分) 第二次试车不成功(扣20分) 第三次试车不成功(扣30分)			
安全文明生产	10分	违反安全文明操作规程(视实际情况进行扣分)			
备注		如果未能按时完成，根据情况酌情扣分			
开始时间		结束时间	实际 时间	总成绩	

任务 4　电动机两地启停控制线路安装

任务描述

熟练阅读电动机两地启停控制线路电气原理图，分析其工作原理。根据原理图选择电路所需低压电器元件并检测其质量好坏；画出合理布局的平面布置图，进行器件的安装；画出安装接线图，按工艺要求，进行线路的安装；安装完毕后，能熟练地对电路进行静态检测；如有故障，能根据故障现象，找出故障原因并排除。

实践操作

1. 配齐所需工具、仪表和连接导线

根据线路安装的要求配齐工具(如尖嘴钳、一字螺钉旋具、十字螺钉旋具、剥线钳、试电笔等)，仪表(如万用表等)。根据控制对象选择合适的导线，主电路采用 BV1.5 m²(红色、绿色、黄色)；控制电路采用 BV0.75 mm²(黑色)；按钮线采用

BVR0.75 mm^2(红色);接地线采用 BVR1.5 mm^2(黄绿双色)。

2. 阅读分析电气原理图

读懂电动机两地启停控制线路电气原理图,如图 4-4-1 所示。明确线路安装所用元件及作用。并根据原理图画出布局合理的平面布置图和电气接线图。

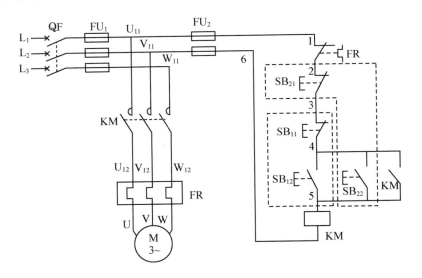

图 4-4-1 两地启停控制电气原理图

3. 器件选择

根据原理图正确选择线路安装所需要的低压电器元件,并明确其型号规格、个数及用途,见表 4-4-1。

表 4-4-1 电气元件明细表

符号	名称	型号及规格	数量	用途
M	电动机	YS-5024W	1	
QF	空气开关	DZ47-60 C60	1	三相交流电源引入
SB$_{11}$	M 停止按钮	LAY7	1	停止
SB$_{21}$	M 停止按钮	LAY7	1	停止
SB$_{12}$	M 启动按钮	LAY7	1	启动
SB$_{22}$	M 启动按钮	LAY7	1	启动
FU$_1$	主电路熔断器	RT18-32 5 A	3	主电路短路保护
FU$_2$	控制电路熔断器	RT18-32 1 A	2	控制电路短路保护

续表

符号	名称	型号及规格	数量	用途
KM	交流接触器	CJX2-1210	1	控制电动机运行
FR	热继电器	JRS1-09308	1	过载保护
	导线	BV 1.5 mm²		主电路接线
	导线	BVR 0.75 mm²，1.5 mm²		控制电路接线，接地线
XT	端子排	主电路 TB-2512L	1	
XT	端子排	控制电路 TB-1512	1	

4. 低压电器检测安装

使用万用表对所选低压电器进行检测后，根据元件布置图安装固定电器元件。安装布置图如图 4-4-2 所示。

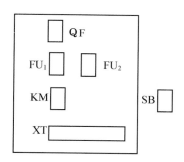

图 4-4-2 两地启停控制线路元件布置图

5. 两地启停控制线路连接

根据电气原理图和图 4-4-3 所示电气接线图，完成电动机两地启停控制线路的线路连接。

(1)主电路连接。将三相交流电源的三条相线接在空气开关 QF 的三个进线端上，QF 的出线端分别接在三只熔断器 FU₁ 的进线端，FU₁ 的出线端接在交流接触器 KM 的三对主触点的进线端，KM 主触点出线端与热继电器 FR 的热元件进线端相连，FR 热元件出线端通过端子排与电动机 M 相连。

(2)控制线路连接。按从上至下、从左至右的原则，逐点清，以防漏线。

具体接线：任取空气开关的两组触点，其出线端接在两只熔断器 FU₂ 的进线端。

1点：任取一只熔断器 FU₂，将其出线端与热继电器 FR 常闭触点的进线端相连。

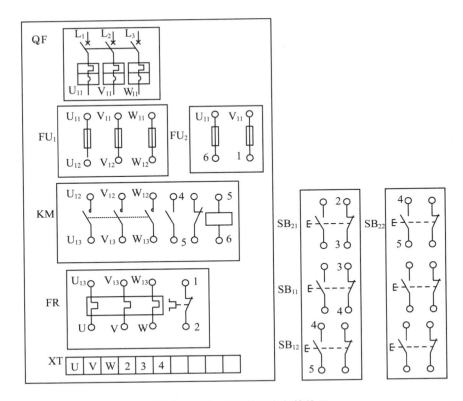

图 4-4-3　两地启停控制电气接线图

2 点：热继电器 FR 常闭触点的出线端通过端子排与停止按钮 SB_{21} 常闭触点的进线端相连。

3 点：停止按钮 SB_{21} 常闭触点的出线端与停止按钮 SB_{11} 常闭触点进线端在按钮内部相连。

4 点：停止按钮 SB_{11} 常闭触点的出线端与启动按钮 SB_{12} 和 SB_{22} 常开触点进线端在按钮内部相连后通过端子排与交流接触器 KM 常开触点进线端相连。

5 点：启动按钮 SB_{12} 和 SB_{22} 常开触点出线端在按钮内部连接后，通过端子排与 KM 辅助常开触点出线端和 KM 线圈的进线端相连。

6 点：交流接触器 KM 线圈出线端与另一只熔断器 FU_2 的出线端相连。

6. 安装电动机

安装电动机并完成电源、电动机(按要求接成星形或三角形)和电动机保护接地线等控制面板外部的线路连接。

7. 静态检测

(1)根据原理图和电气接线图从电源端开始，逐点核对接线及接线端子处连接是否正确，有无漏接、错接之处。检查导线接点是否符合要求，压接是否牢固。

(2)主电路和控制电路通断检测。

①主电路检测。接线完毕，反复检查确认无误后，在不通电的状态下对主电路进行检查。按下 KM 主触点，万用表置于电阻档，若测得各相电阻基本相等且近似为"0"；而放开 KM 主触点，测得各相电阻为"∞"，则接线正确。

②控制电路检测。选择万用表的 R×1 档，然后红、黑表笔对接调零。

检查启动功能：断开主电路，按下启动按钮 SB_{12} 或 SB_{22}，万用表读数应为接触器线圈的直流电阻值(如 CJX2 线圈直流电阻约为 15 Ω)，松开 SB_{21} 或按下 SB_{11}，万用表读数为"∞"。

检查自锁功能：按下接触器 KM 触点架，使其常开触点闭合，万用表读数应为接触器 KM 的直流电阻值。

检查停止功能：按下启动按钮 SB_{12} 或 SB_{22} 或接触器 KM 触点架后，万用表读数应为接触器 KM 的直流电阻值。按下停止按钮 SB_{21} 或 SB_{11}，万用表读数应为"∞"。

8. 通电试车

通电试车必须在指导教师现场监护下严格按安全规程的有关规定操作，防止安全事故的发生。

通电时先接通三相交流电源，合上空气开关 QF。按下 SB_{12} 或 SB_{22}，电动机 M 运转，按下 SB_{21} 或 SB_{11} 电动机 M 停止。操作过程中，观察各器件动作是否灵活，有无卡阻及噪声过大等现象，电动机运行有无异常。发现问题，应立即切断电源进行检查。

➔ 经验分享 ————————————————————————————

(1)遵守安全操作规程，先接线后检查再通电。

(2)在操作训练时，将甲乙两地的启动按钮和停车按钮放在两个不同的位置。并将启动按钮并联，停车按钮串联。

➔ 操作训练 ————————————————————————————

将以上两地启停控制线路改成三地启动，两地停止的控制线路并完成静态检测。

➔ 知识链接 ─────────────────────────────────────●

一、多地控制

有些生产设备为了操作方便，需要在两地或多地控制一台电动机。例如，普通铣床的控制电路，就是一种多地控制电路。这种能在两地或多地控制一台电动机的控制方式，称为电动机的多地控制。在实际应用中，大多为两地控制。

二、多条件控制

在实际生产中，除了为操作方便，一台设备有几个操纵盘或按钮站，各处都可以进行操作控制的多地控制外，为了保证人员和设备的安全，往往要求两处或多处同时操作才能发出启动信号，设备才能工作，实现多信号控制。要实现多信号控制，只需在线路中将启动按钮(或其他电器元件的常开触点)串联即可。多条件启动电路只是在启动时要求各处达到安全要求设备才能工作，但运行中其他控制点发生了变化，设备不停止运行，这与多保护控制电路不一样。图 4-4-4 为两个信号为例的多条件控制线路电气原理图。

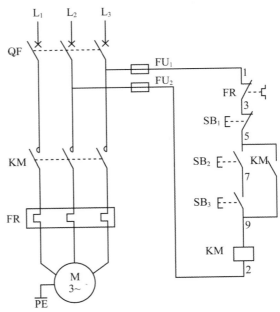

图 4-4-4 多条件控制电气原理图

工作过程：启动时只有将 SB_2、SB_3 同时按下，交流接触器 KM 线圈才能通电吸合，主触点接通，电动机开始运行。而电动机需要停止时，可按下 SB_1，KM 线圈失电，主触点断开，电动机停止运行。

➔ 思考与练习 ————————————————————————

1. 分析两地启停控制线路的工作原理和工作过程。

2. 如何实现多条件停止功能的实现（以两个信号为例）？

3. 试总结异地控制的启动和停止按钮的连接方式。

➔ 任务评价 ————————————————————————

经过学习之后，请填写任务质量完成评价表，见表 4-4-2。

表 4-4-2 任务完成质量评价表

项目内容	配分	评 分 标 准	得分
器材准备	5 分	不清楚元器件的功能及作用（扣 2 分）	
		不能正确选用元器件（扣 3 分）	
工具、仪表的使用	5 分	不会正确使用工具（扣 2 分）	
		不能正确使用仪表（扣 3 分）	
装前检查	10 分	电动机质量检查（每漏一处扣 2 分）	
		电器元件漏检或错检（每处扣 2 分）	
安装元件	20 分	安装不整齐、不合理（每件扣 5 分）	
		元件安装不紧固（每件扣 4 分）	
		损坏元件（每件扣 15 分）	
布线	30 分	不按电路图接线（扣 10 分）	
		布线不符合要求（主电路每根扣 4 分，控制电路每根扣 2 分）	
		损伤导线绝缘或线芯（每根扣 5 分）	
		接点松动、露铜过长、压绝缘层、反圈等（每个接点扣 1 分）	
		漏套或错套编码套管（教师要求）（每处扣 2 分）	
		漏接接地线（扣 10 分）	

续表

项目内容	配分	评 分 标 准			得分
通电试车	30 分	热继电器未整定或整定错（扣 5 分）			
		熔体规格配错（主、控电路各扣 5 分）			
		第一次试车不成功（扣 10 分） 第二次试车不成功（扣 20 分） 第三次试车不成功（扣 30 分）			
安全文明生产	10 分	违反安全文明操作规程（视实际情况进行扣分）			
备注		如果未能按时完成，根据情况酌情扣分			
开始时间		结束时间	实际 时间	总成绩	

项目五

电动机直接启动可逆运转控制线路安装

→ 学习目标

1. 了解正反转在实际工程中的应用，掌握实现正反转的方法。

2. 掌握电气控制线路中互锁的实现方法。

3. 能根据需要选取和安装低压控制电器。

4. 能根据原理图绘制电动机直接启动可逆运转控制的元件布置图和电气接线图并完成控制线路的安装和连接。

5. 会正确使用万用表对电动机直接启动可逆运转控制线路进行静态检测。

6. 养成良好的职业习惯，安全规范操作。规范使用电工工具，防止损坏工具、器件和误伤人员；线路安装完毕，未经教师允许，不得私自通电。

任务1	接触器联锁正反转控制线路安装

→ 场景描述

在实际的工业生产和工程设备中，经常会有运动设备沿两个相反的方向来回运动的情况。对此，就要求拖动生产机械的电动机能够改变旋转方向，也就是对电动机要实现正、反转控制。例如，电梯的升降，如图5-1-1所示；机床主轴的正转和反转等。

图 5-1-1　电梯

→ 任务描述

熟练阅读电动机接触器联锁正反转控制线路电气原理图，分析其工作原理。根据原理图选择电路所需低压电器元件并检测其质量好坏；画出合理布局的平面布置图，进行器件的安装；画出安装接线图，按工艺要求，进行线路的安装；安装连接完毕后，能熟练地对电路进行静态检测；如有故障，能根据故障现象，找出故障原因并排除。

微课视频

→ 实践操作

1. 配齐所需工具、仪表和连接导线

根据线路安装的要求配齐工具（如尖嘴钳、一字螺钉旋具、十字螺钉旋具、剥线钳、试电笔等），仪表（如万用表等）。根据控制对象选择合适的导线，主电路采用

BV1.5 mm²(红色、绿色、黄色)；控制电路采用 BV0.75 mm²(黑色)；按钮线采用
BVR0.75 mm²(红色)；接地线采用 BVR1.5 mm²(黄绿双色)。

2. 阅读分析电气原理图

读懂电动机接触器联锁正反转控制线路电气原理图，如图 5-1-2 所示。明确线路
安装所用元件及作用。并根据原理图画出布局合理的平面布置图和电气接线图。

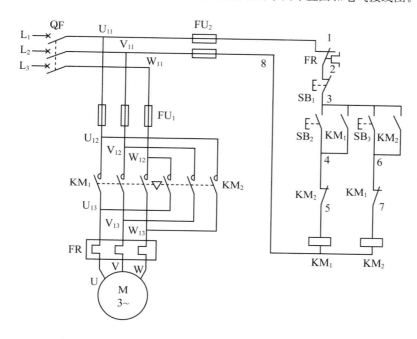

图 5-1-2 接触器联锁正反转原理图

3. 器件选择

根据原理图正确选择线路安装所需要的低压电器元件，并明确其型号规格、个数
及用途，见表 5-1-1。

表 5-1-1 电气元件明细表

符号	名称	型号及规格	数量	用途
M	交流电动机	YS-5024W	1	
QF	空气开关	DZ47-60 C60	1	三相交流电源引入
SB_1	停止按钮	LAY7	1	停止
SB_2	正转按钮	LAY7	1	正转

续表

符号	名称	型号及规格	数量	用途
SB$_3$	反转按钮	LAY7	1	反转
FU$_1$	主电路熔断器	RT18-32　5 A	3	主电路短路保护
FU$_2$	控制电路熔断器	RT18-32　1 A	2	控制电路短路保护
KM$_1$	交流接触器	CJX2-1210	1	控制 M 正转
KM$_2$	交流接触器	CJX2-1210	1	控制 M 反转
FR	热继电器	JRS1-09308	1	M 过载保护
	导线	BV 1.5 mm^2		主电路接线
	导线	BVR 0.75 mm^2，1.5 mm^2		控制电路接线，接地线
XT	端子排	主电路 TB-2512L	1	
XT	端子排	控制电路 TB-1512	1	

4. 低压电器检测安装

使用万用表对所选低压电器进行检测后，根据元件布置图安装固定电器元件。安装布置图如图 5-1-3 所示。

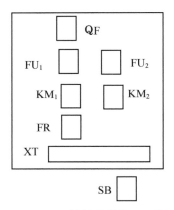

图 5-1-3　接触器联锁正反转控制线路元件布置图

5. 接触器联锁正反转控制线路连接

根据电气原理图和图 5-1-4 所示的电气接线图，完成电动机接触器联锁正反转控制线路的线路连接。

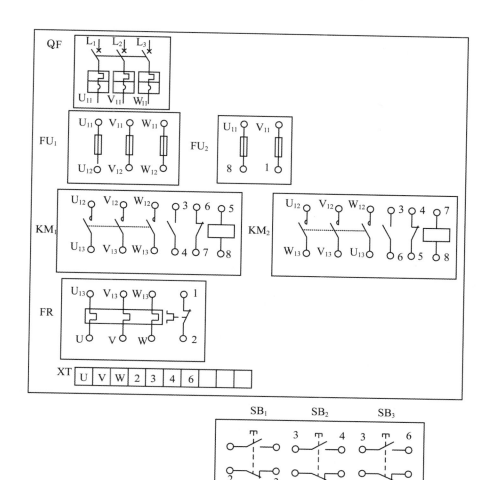

图 5-1-4　接触器联锁正反转电气控制接线图

（1）主电路接线。将三相交流电源分别接到空气开关的进线端，从空气开关的出线端接到主电路熔断器 FU_1 的进线端；将 KM_1、KM_2 主触点进线端对应相连后再与 FU_1 出线端相连；KM_1、KM_2 主触点出线端换相连接后与 FR 热元件进线端相连；FR 热元件出线端通过端子排分别接电动机接线盒中的 U_1、V_1、W_1 接线柱。

（2）控制线路连接。按从上至下、从左至右的原则，逐点清，以防漏线。

具体接线：任取熔断器 FU_1 的两个出线端接在两只熔断器 FU_2 的进线端。

1 点：将一个 FU_2 的出线端与热继电器 FR 的常闭触点的进线端相连。

2 点：FR 的常闭触点的出线端通过端子排接在停止按钮 SB_1 常闭触点进线端。

3 点：在按钮内部将 SB_1 常闭触点出线端、SB_2 常开触点进线端、SB_3 常开触点进线端相连。将 KM$_1$ 常开辅助触点进线端、KM$_2$ 常开辅助触点进线端相连。然后两者再通过端子排相连。

4 点：KM$_1$ 常开辅助触点出线端和 KM$_2$ 辅助常闭触点进线端相连后，通过端子排与 SB$_2$ 常开触点出线端相连。

5 点：KM$_2$ 常闭辅助触点出线端与 KM$_1$ 线圈进线端相连。

6 点：KM$_2$ 常开辅助触点出线端和 KM$_1$ 常闭辅助触点进线端相连后，通过端子排与 SB$_3$ 常开触点出线端相连。

7 点：KM$_1$ 常闭辅助触点出线端与 KM$_2$ 线圈进线端相连接。

8 点：KM$_1$ 与 KM$_2$ 线圈的出线端相连后，再与另一个 FU$_2$ 的出线端相连。

6. 安装电动机

安装电动机并完成电源、电动机(按要求接成星形或三角形)和电动机保护接地线等控制面板外部的线路连接。

7. 静态检测

(1)根据原理图和电气接线图从电源端开始，逐点核对接线及接线端子处连接是否正确，有无漏接、错接之处。检查导线接点是否符合要求，压接是否牢固。

(2)主电路和控制电路通断检测。

①主电路检测。接线完毕，反复检查确认无误后，在不通电的状态下对主电路进行检查。分别按下 KM$_1$ 和 KM$_2$ 主触点，万用表置于电阻档，若测得各相电阻基本相等且近似为"0"；而放开 KM$_1$(KM$_2$)主触点，测得各相电阻为"∞"，则接线正确。

②控制电路检测。选择万用表的 R×1 档，然后红、黑表笔对接调零。

检查正转控制：断开主电路，按下启动按钮 SB$_2$ 或 KM$_1$ 触点架，万用表读数应为接触器线圈的直流电阻值(如 CJX2 线圈直流电阻约为 15 Ω)，松开 SB$_2$、KM$_1$ 触点架或按下 SB$_1$，万用表读数为"∞"。

检查反转控制：按下启动按钮 SB$_3$ 或 KM$_2$ 触点架，万用表读数应为接触器线圈的直流电阻值(如 CJX2 线圈直流电阻约为 15 Ω)，松开 SB$_3$、KM$_2$ 触点架或按下 SB$_1$，万用表读数为"∞"。

8. 通电试车

通电试车必须在指导教师现场监护下严格按安全规程的有关规定操作，防止安全事故的发生。

通电时先接通三相交流电源，合上电源开关 QF。按下 SB$_2$，电动机正转。按下 SB$_1$，电动机停止运转。按下 SB$_3$，电动机反转。按下 SB$_1$，电动机停止运转。操作过程中，观察各器件动作是否灵活，有无卡阻及噪声过大等现象，电动机运行有无异常。发现问题，应立即切断电源进行检查。

9. 常见故障分析

(1)接通电源后，按启动按钮(SB$_2$ 或 SB$_3$)，接触器吸合，但电动机不转且发出"嗡嗡"声响；或者虽能启动，但转速很慢。

分析：这种故障大多是主回路一相断线或电源缺相。

(2)控制电路时通时断，不起联锁作用。

分析：联锁触点接错，在正、反转控制回路中，均用自身接触器的常闭触点做联锁触点。

(3)电动机只能点动正转控制。

分析：自锁触点用的是另一接触器的常开辅助触点。

(4)在电动机正转或反转时，按下 SB$_1$ 不能停车。

分析：原因可能是 SB$_1$ 失效。

(5)合上 QF 后，熔断器 FU$_2$ 马上熔断。

分析：原因可能是 KM$_1$ 或 KM$_2$ 线圈、触点短路。

(6)按下 SB$_2$ 后电动机正常运行，再按下 SB$_3$，FU$_1$ 马上熔断。

分析：原因是正、反转主电路换相线接错或 KM$_1$、KM$_2$ 常闭辅助触点联锁不起作用。

经验分享 ————————————————————

(1)主电路必须将两相电源换相，在交流接触器进线换相或者在出线换相都可以，主电路绝对不能短路。

(2)必须要有互锁，否则在换相时会导致电源相间短路。

操作训练 ————————————————————

安装连接如图 5-1-4 所示按钮互锁正反转控制电路，试比较按钮互锁正反转和接触器互锁正反转在操作上的优缺点。

微课视频

➔ 知识链接

　　生产机械常常需要按上下、左右、前后等相反方向运动，这就要求拖动生产机械的电动机能够正反两个方向运转。正反转控制电路是指采用某种方式使电动机实现正反转向调换的控制电路。在工厂动力设备上，通常采用改变接入三相异步电动机绕组的电源相序来实现。

　　三相异步电动机的正反转控制电路有许多类型，如接触器联锁正反转控制电路、按钮联锁正反转控制电路、使用倒顺开关等。

一、倒顺开关控制的正反转控制电路

　　倒顺开关属于组合开关类型，不但能接通和分断电源，还能改变电源输入的相序，用来直接实现小容量电动机的正反转控制。如图 5-1-5 所示，当倒顺开关扳到"顺"的位置时，电动机的输入电源相序 U—V—W；倒顺开关扳到"停"的位置，使电动机停车之后，再把倒顺开关扳到"倒"的位置，电动机的输入电源相序 W—V—U。改变电动机的旋转方向。

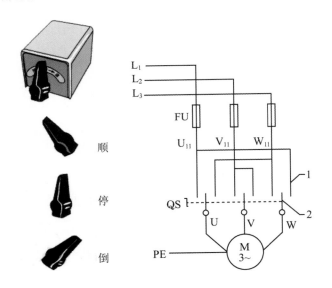

图 5-1-5　倒顺开关控制正反转主电路

二、接触器互锁正反转控制电路

（1）互锁（联锁）。控制电动机正反两个方向运转的两个交流接触器不能同时闭合，否则主电路中将发生两相短路事故。因此，利用两个接触器进行相互制约，使它们在同一时间里只有一个工作，这种控制作用称为互锁或联锁。

（2）接触器互锁的实现。将其中一个接触器的常闭辅助触点串入另一个接触器线圈的电路中即可。接触器互锁又称为电气互锁。

（3）接触器联锁正反转控制电气原理如图 5-1-2 所示，其工作原理如下。

先合上电源开关 QF。

○正转控制。按下正转启动按钮 SB_2→KM_1 线圈得电→KM_1 主触点和自锁触点闭合（KM_1 常闭互锁触点断开）→电动机 M 启动连续正转。

②反转控制。先按下停车按钮 SB_1→KM_1 线圈失电→KM_1 主触点断开（互锁触点闭合）→电动机 M 失电停转→再按下反转启动按钮 SB_3→KM_2 线圈得电→KM_2 主触点和自锁触点闭合→电动机 M 启动连续反转。

③停车。按停止按钮 SB_1→控制电路失电→KM_1（或 KM_2）主触点断开→电动机 M 失电停转。

注意：电动机从正转变为反转时，必须先按下停止按钮后，才能按反转启动按钮，否则由于接触器的联锁作用，不能实现反转。

想一想：正在正转时，若按下反转按钮会怎么办，此电路需要改进哪些地方？

➔ 资料拓展

电动机正反转涉及相间短路和电机自身过载保护的问题，设计系统时要全面考虑，谨慎思维，必须兼顾安全性与可靠性。坚持安全第一、预防为主，建立大安全大应急框架，完善公共安全体系，推动公共安全治理模式向事前预防转型。推进安全生产风险专项整治，加强重点行业、重点区域安全监管。提高防灾减灾救灾和重大突发事件处置保障能力，加强国家区域应急力量建设。

三、按钮互锁正反转控制电路

将正转启动按钮的常闭触点串接在反转控制电路中，将反转启动按钮的常闭触点串接在正转控制电路中，称为按钮互锁。按钮互锁又称机械联锁。

电动机按钮互锁正反转控制电路原理图，如图 5-1-6 所示。

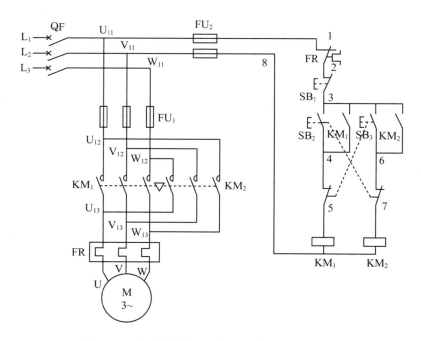

图 5-1-6　电动机按钮互锁正反转控制电路原理图

下面介绍按钮互锁正反转动作过程。

闭合电源开关 QF。

(1)正转控制。按下按钮 SB_2→SB_2 常闭触点先分断对 KM_2 联锁(切断反转控制电路)→SB_2 常开触点后闭合→KM_1 线圈得电→KM_1 主触点和辅助触点闭合→电动机 M 启动连续正转。

(2)反转控制。按下按钮 SB_3→SB_3 常闭触点先断开→KM_1 线圈失电→KM_1 主触点断开→电动机 M 失电→SB_3 常开触点后闭合→KM_2 线圈得电→KM_2 主触点和辅助触点闭合→电动机 M 启动连续反转。

(3)停止。按停止按钮 SB_1→整个控制电路失电→KM_1(或 KM_2)主触点和辅助触点断开→电动机 M 失电停转。

想一想：这种线路控制的可靠程度，需要改进的地方？

→　思考与练习

一、填空题

1. 要使三相异步电动机反转，就必须改变通入电动机定子绕组_____的相序，即只要把接入电动机三相电源进线中的任意_____相对调接线即可。

2. 为使电动机正反转能直接切换，图 5-1-6 所示线路采取了_____，其实现的方式是_____。

二、简答题

在图 5-1-2 所示主电路接线中，若误将 KM$_2$ 上端的 U、V 两根相线接反，会出现什么后果？为什么？

→ 任务评价 ————————————————————————●

经过学习之后，请填写任务质量完成评价表，见表 5-1-2。

表 5-1-2　任务完成质量评价表

项目内容	配分	评 分 标 准	得分
器材准备	5 分	不清楚元器件的功能及作用(扣 2 分)	
		不能正确选用元器件(扣 3 分)	
工具、仪表的使用	5 分	不会正确使用工具(扣 2 分)	
		不能正确使用仪表(扣 3 分)	
装前检查	10 分	电动机质量检查(每漏一处扣 2 分)	
		电器元件漏检或错检(每处扣 2 分)	
安装元件	20 分	安装不整齐、不合理(每件扣 5 分)	
		元件安装不紧固(每件扣 4 分)	
		损坏元件(每件扣 15 分)	
布线	30 分	不按电路图接线(扣 10 分)	
		布线不符合要求(主电路每根扣 4 分，控制电路每根扣 2 分)	
		损伤导线绝缘或线芯(每根扣 5 分)	
		接点松动、露铜过长、压绝缘层、反圈等(每个接点扣 1 分)	
		漏套或错套编码套管(教师要求)(每处扣 2 分)	
		漏接接地线(扣 10 分)	
通电试车	30 分	热继电器未整定或整定错(扣 5 分)	
		熔体规格配错(主、控电路各扣 5 分)	
		第一次试车不成功(扣 10 分)第二次试车不成功(扣 20 分)第三次试车不成功(扣 30 分)	
安全文明生产	10 分	违反安全文明操作规程(视实际情况进行扣分)	
备注		如果未能按时完成，根据情况酌情扣分	
开始时间	结束时间	实际时间	总成绩

任务 2　双重联锁正反转控制线路安装

→ 场景描述

在实际的工业生产和机械设备运行中，经常会需要按下按钮后运动部件直接改变运动方向。例如，在行车挂钩升降控制中，按下上升按钮挂钩上升，按下下降按钮挂钩直接下降，中间不需要先停止。行车和自动门如图 5-2-1 所示。

（a）行车　　　　　　　　　　　　（b）自动门

图 5-2-1　行车和自动门

→ 任务描述

熟练阅读电动机双重互锁正反转控制线路电气原理图，分析其工作原理。根据原理图选择电路所需低压电器元件并检测其质量好坏；画出合理布局的平面布置图，进行器件的安装；画出安装接线图，按工艺要求，进行线路的安装；安装连接完毕后，能熟练地对电路进行静态检测；如有故障，能根据故障现象，找出故障原因并排除。

→ 实践操作

1. 配齐需要的工具，仪表和合适的导线

根据线路安装的要求配齐工具(如尖嘴钳、一字螺钉旋具、十字螺钉旋具、剥线钳、试电笔等)，仪表(如万用表等)。根据控制对象选择合适的导线，主电路采用 BV1.5 mm²(红色、绿色、黄色)；控制电路采用 BV0.75 mm²(黑色)；按钮线采用 BVR0.75 mm²(红色)；接地线采用 BVR1.5 mm²(黄色、绿色)。

2. 阅读分析电气原理图

读懂电动机双重互锁正反转控制线路电气原理图，如图 5-2-2 所示。明确线路安装所用元件及作用，并根据原理图画出布局合理的平面布置图和电气接线图。

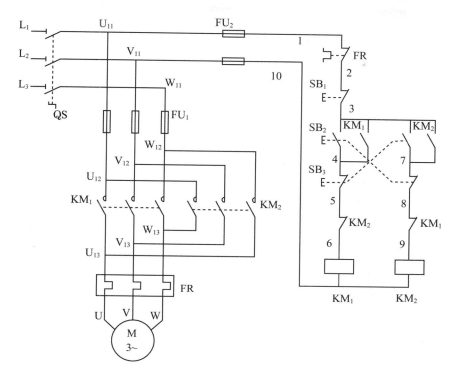

图 5-2-2　双重互锁控制线路电气原理图

3. 器件选择

根据原理图正确选择线路安装所需要的低压电器元件，并明确其型号规格、个数及用途，见表 5-2-1。

表 5-2-1　电气元件明细表

符号	名称	型号及规格	数量	用途
M	交流电动机	YS-5024W	1	
QS	组合开关	HZ10-25/3	1	三相交流电源引入
SB$_1$	停止按钮	LAY7	1	停止
SB$_2$	正转按钮	LAY7	1	正转
SB$_3$	反转按钮	LAY7	1	反转
FU$_1$	主电路熔断器	RT18-32　5 A	3	主电路短路保护

续表

符号	名称	型号及规格	数量	用途
FU$_2$	控制电路熔断器	RT18-32　1 A	2	控制电路短路保护
KM$_1$	交流接触器	CJX2-1210	1	控制 M 正转
KM$_2$	交流接触器	CJX2-1210	1	控制 M 反转
FR	热继电器	JRS1-09308	1	M 过载保护
	导线	BV 1.5 mm^2		主电路接线
	导线	BVR 0.75 mm^2，1.5 mm^2		控制电路接线，接地线
XT	端子排	主电路 TB-2512L	1	
XT	端子排	控制电路 TB-1512	1	

4. 低压电器检测安装

使用万用表对所选低压电器进行检测后，根据元件布置图安装固定电器元件。安装布置图如图 5-2-3 所示。

5. 双重互锁正反转控制线路连接

根据电气原理图和图 5-2-4 所示的电气接线图，完成电动机接触器联锁正反转控制线路的线路连接。

（1）主电路接线。将三相交流电源分别接到转换开关的进线端，从转换开关的出线端接到主电路熔断器 FU$_1$ 的进线端；将 KM$_1$、KM$_2$ 主触点进线端对应相连后再与 FU$_1$ 出线端相连；KM$_1$、KM$_2$ 主触点出线端换相连接后与 FR 热元件进线端相连；FR 热元件出线端通过端子排分别接电动机接线盒中的 U$_1$、V$_1$、W$_1$ 接线柱。

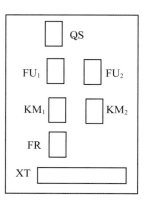

图 5-2-3　双重互锁控制线路元件布置图

（2）控制线路连接。按从上至下、从左至右的原则，逐点清，以防漏线。

具体接线：任取组合开关的两组触点，其出线端接在两只熔断器 FU$_2$ 的进线端。

1 点：将一个 FU$_2$ 的出线端与热继电器 FR 的常闭触点的进线端相连。

2 点：FR 的常闭触点的出线端通过端子排与停止按钮 SB$_1$ 常闭触点进线端相连。

3 点：在按钮内部将 SB$_1$ 常闭触点出线端、SB$_2$ 常开触点进线端、SB$_3$ 常开触点进线端相连。将 KM$_1$ 常开辅助触点进线端、KM$_2$ 常开辅助触点进线端相连。然后两者再通过端子排相连。

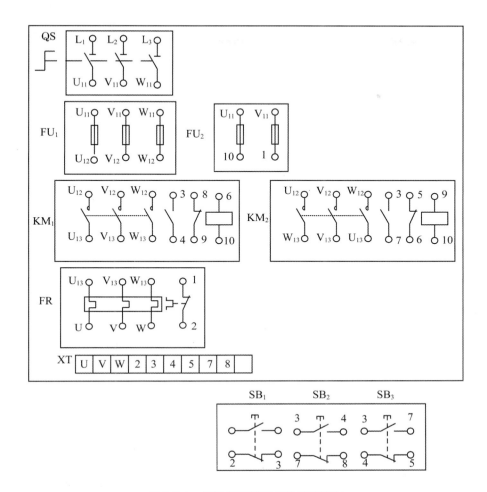

图 5-2-4　接触器联锁电气控制接线图

4 点：SB$_2$ 常开触点出线端与 SB$_3$ 常闭触点进线端相连，然后通过端子排与 KM$_1$ 常开辅助触点出线端相连。

5 点：SB$_3$ 常闭触点出线端通过端子排与 KM$_2$ 常闭辅助触点进线端相连。

6 点：KM$_2$ 常闭辅助触点出线端与 KM$_1$ 线圈进线端相连。

7 点：SB$_3$ 常开触点出线端与 SB$_2$ 常闭触点相连，然后通过端子排与 KM$_2$ 常开辅助触点出线端相连。

8 点：SB$_2$ 常闭触点出线端通过端子排与 KM$_1$ 常闭辅助触点进线端相连。

9 点：KM$_1$ 常闭辅助触点出线端与 KM$_2$ 线圈进线端相连。

10 点：将 KM1、KM2 线圈的出线端与另外一个 FU$_2$ 的出线端相连。

6. 安装电动机

安装电动机并完成电源、电动机(按要求接成星形或三角形)和电动机保护接地线等控制面板外部的线路连接。

7. 静态检测

(1)根据原理图和电气接线图从电源端开始,逐点核对接线及接线端子处连接是否正确,有无漏接、错接之处。检查导线接点是否符合要求,压接是否牢固。

(2)对主电路和控制电路进行通断检测。

①主电路检测。接线完毕,反复检查确认无误后,在不通电的状态下对主电路进行检查。分别按下 KM_1(KM_2)主触点,万用表置于电阻档,若测得各相电阻基本相等且近似为"0";而松开 KM_1(KM_2)主触点,测得各相电阻为"∞",则接线正确。

②控制电路检测。选择万用表的 $R \times 1$ 档,然后将红、黑表笔对接调零。

检查控制电路通断:断开主电路,按下正转启动按钮 SB_2(或反转启动按钮 SB_3),万用表读数应为接触器线圈的直流电阻值(如 CJX2 线圈直流电阻约为 15 Ω),松开 SB_2 或 SB_3,万用表读数为"∞"。

检查控制电路自锁:松开 SB_2 或 SB_3,分别按下 KM_1 或 KM_2 触点架,使其自锁触点闭合,将万用表红、黑表笔分别放在图 5-2-2 中的 1—10 点上,万用表读数应为接触器的直流电阻值。

接触器联锁检查:同时按下触点架,KM_1 和 KM_2 的联锁触点断开,万用表的读数为"∞"。

按钮联锁检查:同时按下 SB_2 和 SB_3,SB_2 和 SB_3 的联锁触点分断对方的控制电路,万用表读数为"∞"。

停车控制检查:按下 SB_2(SB_3)或 KM_1(KM_2)触点架,将万用表红、黑表笔分别放在图 5-2-2 中的 1—10 点上,万用表读数应为接触器的直流电阻值;再同时按下停止按钮 SB_1,万用表读数变为"∞"。

8. 通电试车

通电试车必须在指导教师现场监护下严格按安全规程的有关规定操作,防止安全事故的发生。

接通三相交流电源,合上转换开关 QS。按下 SB_2,电动机应正转,按下 SB_3,电动机反转，然后再按下 SB₁，电动机停止运转。同时，还要观察各元器件动作是否灵活，有无卡阻及噪声过大等现象，并检查电动机运行是否正常。若有异常，应立即切断电源，停车检查。

9. 常见故障分析

(1)接通电源后，按启动按钮(SB₂ 或 SB₃)，接触器吸合，但电动机不转且发出"嗡嗡"声响；或者虽能启动，但转速很慢。

分析：这种故障大多是主回路一相断线或电源缺相。

(2)控制电路时通时断，不起联锁作用。

分析：联锁触点接错，在正、反转控制回路中均用自身接触器的常闭触点做联锁触点。

(3)按下启动按钮，电路不动作。

分析：联锁触点用的是接触器常开辅助触点。

(4)电动机只能点动正转控制。

分析：自锁触点用的是另一接触器的常开辅助触点。

(5)按下 SB₂，KM₁ 剧烈振动，启动时接触器"叭哒"就不吸了。

分析：联锁触点接到自身线圈的回路中。接触器吸合后常闭接点断开，接触器线圈断电释放，释放常闭接点又接通，接触器又吸合，接点又断开，所以会出现接触器不吸合的现象。

(6)在电动机正转或反转时，按下 SB₁ 不能停车。

分析：原因可能是 SB₁ 失效。

(7)合上 QS 后，熔断器 FU₂ 马上熔断。

分析：原因可能是 KM₁ 或 KM₂ 线圈、触点短路。

(8)合上 QS 后，熔断器 FU₁ 马上熔断。

分析：原因可能是 KM₁ 或 KM₂ 短路，或电动机相间短路，或正、反转主电路换相线接错。

(9)按下 SB₂ 后电动机正常运行，再按下 SB₃，FU₁ 马上熔断。

分析：原因是正、反转主电路换相线接错或 KM₁、KM₂ 常闭辅助触点联锁不起作用。

→ 经验分享

(1)电动机必须安放平稳,以防止在可逆运转时产生滚动而引起事故,并将其金属外壳可靠接地。

(2)要特别注意接触器的联锁触点不能接错;否则将会造成主电路中两相电源短路事故。

(3)主电路必须将两相电源换相,在交流接触器进线换相或者在出线换相都可以,主电路绝对不能短路。

(4)必须要有互锁,否则在换相时会导致电源相间短路。

(5)通电校验时,应先合上 QS,再检验 SB_2(或 SB_3)及 SB_1 按钮的控制是否正常,并在按 SB_2 后再按 SB_3,观察有无联锁作用。

→ 操作训练

1. 分析检测如下故障

(1)合上电源开关,电动机立即正向启动,当按下停止按钮时,电动机停转;但松开停止按钮,电动机又正向启动。

(2)合上电源开关,按下正转(或反转)按钮,正转(或反转)接触器就不停地吸合与释放,电路无法工作;松开按钮时,接触器不再吸合。

2. 试设计两台电动机顺序启动、顺序停止的控制线路,要求有过载和短路保护

→ 知识链接

一、 双重互锁正反转控制

1. 过程分析

先合上电源开关 QS。

正转:

反转：

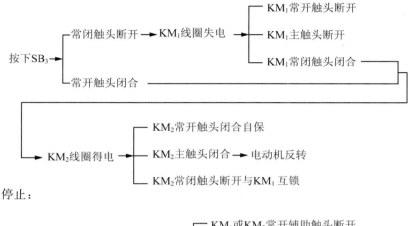

停止：

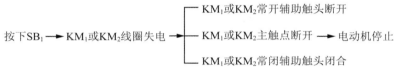

2．优点

双重连锁正反转控制的优点是可靠性高；操作方便，能直接进行正转与反转的切换。

二、 电气控制电路故障的检修步骤和检查、 分析方法

电气控制电路的故障一般分为自然故障和人为故障两大类。电气故障轻者使电气设备不能工作而影响生产，重者酿成事故。因此，电气控制电路日常的维护检修尤为重要。

电气控制电路形式很多，复杂程度不一。要准确、迅速地找出故障并排除，必须弄懂电路原理，掌握正确的维修方法。

1．电气控制电路故障的检修步骤

(1)仔细观察故障现象。

(2)依据电路原理找出故障发生的部位或故障发生的回路，且尽可能地缩小故障范围。

(3)查找故障点。

(4)排除故障。

(5)通电空载校验或局部空载校验。

(6)正常运行。

在以上检修步骤中,找出故障点是检修工作的难点和重点。在寻找故障点时,首先应该分清发生故障的原因是属于电气故障还是机械故障;对电气故障还要分清是电气线路故障还是电器元件的机械结构故障。

2. 电气控制电路故障的检查和分析方法

常用的电气控制电路故障的分析检查方法有调查研究法、试验法、逻辑分析法和测量法等几种。通常要同时运用几种方法查找故障点。

(1)调查研究法。调查研究法,归纳为四个字"问、看、听、摸",能帮助我们找出故障现象。

问:询问设备操作工人。

看:看有无由于故障引起明显的外观征兆。

听:听设备各电器元件在运行时的声音与正常运行时有无明显差异。

摸:摸电气发热元件及线路的温度是否正常等。

(2)试验法。试验法是在不损伤电气和机械设备的条件下通电进行试验的方法。一般先进行点动试验检验各控制环节的动作情况,若发现某一电器动作不符合要求,即说明故障范围在与此电器有关的电路中。然后在这部分电路中进一步检查,便可找出故障点。

还可以采用暂时切除部分电路(主电路)的试验方法,来检查各控制环节的动作是否正常。

注意:不要随意用外力使接触器或继电器动作,以防引起事故。

(3)逻辑分析法。逻辑分析法是根据电气控制电路工作原理、控制环节的动作程序以及它们之间的联系,结合故障现象做具体分析,迅速地缩小检查范围,判断故障所在的方法。逻辑分析法适用于复杂线路的故障检查。

(4)测量法。测量法通过利用校验灯、试电笔、万用表、蜂鸣器、示波器等仪器仪表对线路进行带电或断电测量,找出故障点。这是电路故障查找的基本而有效的方法。

测量法注意事项:

①用万用表欧姆档和蜂鸣器检测电器元件及线路是否断路或短路时,必须切断

电源。

②在测量时，要看是否有并联支路或其他回路对被测线路有影响，以防产生误判断。

电气控制电路的故障千差万别，要根据不同的故障现象综合运用各种方法，以求迅速、准确地找出故障点，及时排除故障。

➡ 思考与练习

1. 互锁在电气控制中起到什么作用？怎么实现接触器互锁？

2. 双重互锁正反转电路和接触器互锁电路及按钮互锁电路相比有哪些优点？为什么？

3. 在控制线路中，短路，过载，失、欠压保护等功能是如何实现的？在实际运行过程中，这几种保护有何意义？

➡ 任务评价

经过学习之后，请填写任务质量完成评价表，见表 5-2-2。

表 5-2-2　任务完成质量评价表

项目内容	配分	评 分 标 准	得分
器材准备	5 分	不清楚元器件的功能及作用(扣 2 分)	
		不能正确选用元器件(扣 3 分)	
工具、仪表的使用	5 分	不会正确使用工具(扣 2 分)	
		不能正确使用仪表(扣 3 分)	
装前检查	10 分	电动机质量检查(每漏一处扣 2 分)	
		电器元件漏检或错检(每处扣 2 分)	
安装元件	20 分	安装不整齐、不合理(每件扣 5 分)	
		元件安装不紧固(每件扣 4 分)	
		损坏元件(每件扣 15 分)	
布线	30 分	不按电路图接线(扣 10 分)	
		布线不符合要求 (主电路每根扣 4 分，控制电路每根扣 2 分)	
		损伤导线绝缘或线芯(每根扣 5 分)	

续表

项目内容	配分	评分标准	得分
布线	30分	接点松动、露铜过长、压绝缘层、反圈等 (每个接点扣1分)	
		漏套或错套编码套管(教师要求)(每处扣2分)	
		漏接接地线(扣10分)	
通电试车	30分	热继电器未整定或整定错(扣5分)	
		熔体规格配错(主、控电路各扣5分)	
		第一次试车不成功(扣10分) 第二次试车不成功(扣20分) 第三次试车不成功(扣30分)	
安全文明生产	10分	违反安全文明操作规程(视实际情况进行扣分)	
备注		如果未能按时完成,根据情况酌情扣分	
开始时间		结束时间	实际时间	总成绩	

任务3 **工作台自动往返控制线路安装**

→ 场景描述

正反转控制在实际的机械加工设备中被广泛应用,诸如主轴的运转、工作台的运动等都应用了正反转的控制方式,如龙门刨床工作台的前后往返运动、牛头刨床的刀架的往返运动等。龙门刨床如图 5-3-1 所示。

图 5-3-1　龙门刨床

任务描述

熟练阅读工作台自动往返控制线路电气原理图，分析其工作原理。根据原理图选择电路所需低压电器元件并检测其质量好坏；画出合理布局的平面布置图，进行器件的安装；画出安装接线图，按工艺要求，进行线路的安装；安装连接完毕后，能熟练地对电路进行静态检测；如有故障，能根据故障现象，找出故障原因并排除。

实践操作

1. 配齐需要的工具，仪表和合适的导线

根据线路安装的要求配齐工具（如尖嘴钳、一字螺钉旋具、十字螺钉旋具、剥线钳、试电笔等），仪表（如万用表等）。根据控制对象选择合适的导线，主电路采用BV1.5 mm²（红色、绿色、黄色）；控制电路采用BV0.75 mm²（黑色）；按钮线采用BVR0.75 mm²（红色）；接地线采用BVR1.5 mm²（黄色、绿色）。

2. 阅读分析电气原理图

读懂工作台自动往返控制线路电气原理图，如图5-3-2所示。明确线路安装所用元件及作用，并根据原理图画出布局合理的平面布置图和电气接线图。

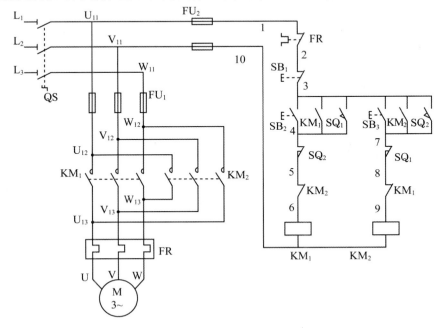

图 5-3-2　工作台自动往返控制线路电气原理图

3. 器件选择

根据原理图正确选择线路安装所需要的低压电器元件，并明确其型号规格、个数及用途，见表 5-3-1。

表 5-3-1   电气元件明细表

符号	名称	型号及规格	数量	用途
M	交流电动机	YS-5024W	1	
QS	组合开关	HZ10-25/3	1	三相交流电源引入
SB$_1$	停止按钮	LAY7	1	停止
SB$_2$	正转按钮	LAY7	1	正转
SB$_3$	反转按钮	LAY7	1	反转
FU$_1$	主电路熔断器	RT18-32 5 A	3	主电路短路保护
FU$_2$	控制电路熔断器	RT18-32 1 A	2	控制电路短路保护
KM$_1$	交流接触器	CJX2-1210	1	控制 M 正转
KM$_2$	交流接触器	CJX2-1210	1	控制 M 反转
FR	热继电器	JRS1-09308	1	M 过载保护
SQ	行程开关		2	实现左右移自动转换
	导线	BV 1.5 mm^2		主电路接线
	导线	BVR 0.75 mm^2, 1.5 mm^2		控制电路接线，接线地
XT	端子排	主电路 TB-2512L	1	
XT	端子排	控制电路 TB-1512	1	

4. 低压电器检测安装

使用万用表对所选低压电器进行检测后，根据元件布置图安装固定电器元件。安装布置图如图 5-3-3 所示。

5. 工作台自动往返控制线路连接

根据电气原理图和图 5-3-4 所示的电气接线图，完成工作台自动往返控制线路的线路连接。

（1）主电路接线。将三相交流电源分别接到转换开关的进线端，从转换开关的出线端接到主电路熔断

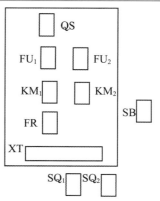

图 5-3-3   工作台自动往返
控制线路元件布置图

器 FU₁ 的进线端；将 KM₁、KM₂ 主触点进线端对应相连后再与 FU₁ 出线端相连；KM₁、KM₂ 主触点出线端换相连接后与 FR 热元件进线端相连；FR 热元件出线端通过端子排分别接电动机接线盒中的 U₁、V₁、W₁ 接线柱。

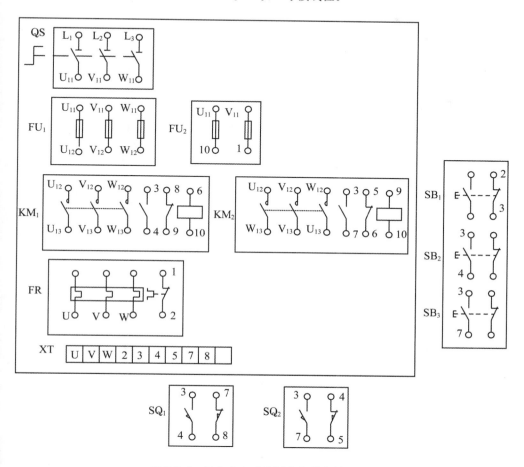

图 5-3-4　工作台自动往返电气控制接线图

(2)控制线路连接。按从上至下、从左至右的原则，逐点清，以防漏线。

具体接线：任取组合开关的两组触点，其出线端接在两只熔断器 FU₂ 的进线端。

1 点：其中一个熔断器 FU₂ 的出线端与热继电器常闭触点的进线端相连。

2 点：热继电器常闭触点的出线端通过端子排与按钮 SB₁ 常闭触点的进线端相连。

3 点：按钮 SB₁ 常闭触点出线端、按钮 SB₂ 和 SB₃ 的常开触点的进线端，行程开关 SQ₁、SQ₂ 常开触点的进线端相连；KM₁ 和 KM₂ 常开辅助触点的进线端相连；然后两者再通过端子排相连。

4 点：按钮 SB_2 常开触点的出线端、SQ_1 常开触点的出线端、SQ_2 常闭触点的进线端相连后，再通过端子排与 KM_1 常开辅助触点的出线端相连。

5 点：SQ_2 常闭触点的出线端与 KM_2 常闭辅助触点的进线端相连。

6 点：KM_2 常闭辅助触点的出线端与 KM_1 线圈的进线端相连。

7 点：SB_3 常开触点的出线端、SQ_2 常开触点的出线端、SQ_1 常闭触点的进线端相连后；再通过端子排与 KM_2 常开辅助触点的出线端相连。

8 点：SQ_1 常闭触点的出线端通过端子排与 KM_1 常闭辅助触点的进线端相连。

9 点：KM_1 常闭辅助触点的出线端与 KM_2 线圈的进线端相连。

10 点：接触器 KM_1 和 KM_2 线圈的出线端与另一只熔断器 FU_2 的出线端相连。

6. 安装电动机

安装电动机并完成电源、电动机(按要求接成 Y 形或△形)和电动机保护接地线等控制面板外部的线路连接。

7. 静态检测

(1)根据原理图和电气接线图从电源端开始，逐点核对接线及接线端子处连接是否正确，有无漏接、错接之处。检查导线接点是否符合要求，压接是否牢固。

(2)对主电路和控制电路进行通断检测。

①主电路检测。接线完毕，反复检查确认无误后，不通电，先强行按下 KM_1 主触点，用万用表电阻档测得各相电阻为"0"，电路导通；放开 KM_1 主触点，各相电阻值为"∞"。松开和强行闭合 KM_2 主触点，用万用表检查结果应与刚才检查结果一致；则接线正确。

②控制电路检测。选择万用表的 $R×1$ 档，将红、黑表笔对接调零。然后将万用表的红、黑表笔分别放在图 5-3-2 中 1 和 10 的位置上对控制电路进行检查。

检查控制电路通断：断开主电路，按下工作台左移按钮 SB_2(或工作台右移按钮 SB_3)，万用表读数应为接触器线圈的直流电阻值(如 CJX2 线圈直流电阻约为 15 Ω)，松开 SB_2 或 SB_3，万用表读数为"∞"。

检查控制电路自锁：松开 SB_2 或 SB_3，按下 KM_1 或 KM_2 触点架，使其自锁触点闭合，万用表读数应为接触器线圈的直流电阻值。

检查接触器互锁：按下 SB_2 或 SB_3 并同时按下 KM_1 和 KM_2 触点架，KM_1 和 KM_2 的联锁触点断开，万用表的读数为"∞"。

检查行程开关接线：按下 SQ_1 或 SQ_2，万用表读数应为接触器线圈的直流电阻值（如 CJX2 线圈直流电阻约为 15 Ω）；同时按下 SQ_1 和 SQ_2，万用表读数为"∞"。

检查停车控制：按下 SB_2（SB_3）、KM_1（KM_2）触点架或 SQ_1（SQ_2），万用表读数应为接触器线圈的直流电阻值；然后同时再按下停止按钮 SB_1，万用表读数变为"∞"。

8. 通电试车

通电试车必须在指导教师现场监护下严格按安全规程的有关规定操作，防止安全事故的发生。

接通三相交流电源，合上转换开关 QS。按下 SB_2 或 SQ_1，工作台左移（电动机正转），按下 SB_3 或 SQ_2，工作台右移（电动机反转），然后再按下 SB_1，工作台停止移动（电动机停止运转）。同时，还要观察各元器件动作是否灵活，有无卡阻及噪声过大等现象，并检查电动机运行是否正常。若有异常，应立即切断电源，停车检查。

注意：通电校验时，必须先手动操作位置开关，试验各行程控制是否正常可靠。若在电动机正转（工作台左移）时，扳动行程开关 SQ_2，电动机不反转，且继续正转，则可能是由于 KM_2 的主触点接线不正确引起，需断电进行纠正后再试，以防止发生事故。

9. 常见故障分析

(1)接通电源后，按启动按钮（SB_2 或 SB_3），接触器吸合，但电动机不转且发出"嗡嗡"声响；或者虽能启动，但转速很慢。

分析：这种故障大多是主回路一相断线或电源缺相。

(2)控制电路时通时断，不起联锁作用。

分析：联锁触点接错，在正、反转控制回路中均用自身接触器的常闭触点做联锁触点。

(3)按下启动按钮，电路不动作。

分析：启动按钮连接有误或联锁触点用的是接触器常开辅助触点。

(4)电动机只能点动正转控制。

分析：正转接触器的自锁触点连接有误。

(5)在电动机正转或反转时,按下 SB₁ 不能停车。

分析:原因可能是 SB₁ 失效。

(6)合上 QS 后,熔断器 FU₂ 马上熔断。

分析:原因可能是 KM₁ 或 KM₂ 线圈、触点短路。

(7)按下 SB₂ 后电动机正常运行,再按下 SB₃,FU₁ 马上熔断。

分析:原因是正、反转主电路换相线接错或 KM₁、KM₂ 常闭辅助触点联锁不起作用。

(8)工作台移动到右端后,不能直接左行。

分析:工作台右侧行程开关的常开触点连接有误。

> ⊙ 操作训练 ─────────────────────────────●

安装检测工作台位置控制线路。

> ⊙ 知识链接 ─────────────────────────────●

一、 行程开关的基本使用

1. 限位控制电路

限位控制电路是当生产机械的运动部件向某一方向运动到预定地点时,改变行程开关的触点状态,以控制电动机的运转状态,从而控制运动部件的运动状态的电路。

(1)限位断电控制电路。如图 5-3-5 所示,按下按钮 SB,KM 线圈得电自保,电动机带动生产机械运动部件运动,到达预定地点时,行程开关 SQ 动作,KM 线圈失电,电动机停转,生产机械运动部件停止运动。

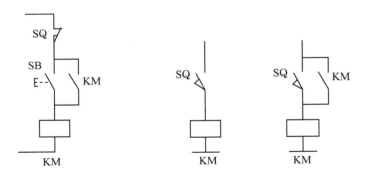

图 5-3-5 断电限位控制   图 5-3-6 限位通电控制

(2)限位通电控制电路。当生产机械的运动部件运动到预定地点时,行程开关 SQ

动作，使 KM 线圈得电，如图 5-3-6 所示。

2. 工作台的位置控制

生产机械的位置控制是将生产机械的运动限制在一定范围内，也称限位控制，利用位置开关(也称行程开关)和运动部件上的机械挡铁来实现，工作台位置控制电气原理图，如图 5-3-7 所示。

微课视频

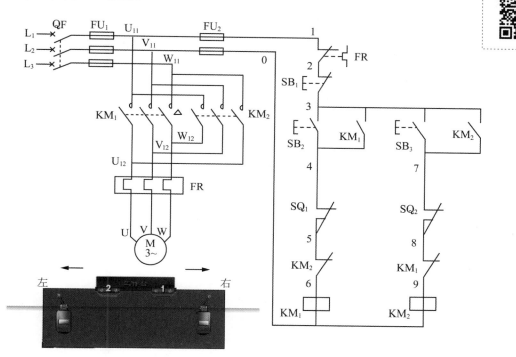

图 5-3-7　工作台位置控制电气原理图

工作台位置控制工作原理分析：

(1)合上开关 QF，引入三相交流电源。

(2)按下按钮 SB_2，KM_1 线圈得电，KM_1 主触点和自锁触点闭合，电动机正转，拖动工作台左移。

(3)工作台左移，当挡铁碰到行程开关 SQ_1，SQ_1 常闭断开，KM_1 线圈失电，KM_1 主触点和自锁触点断开，电动机停转，工作台停止左移。稍后，KM_1 互锁触点闭合，为工作台右移做好准备。

(4)按下按钮 SB_3，KM_2 线圈得电，KM_2 主触点和自锁触点闭合，电动机反转，拖动工作台右移。

(5)工作台右移,当挡铁碰到行程开关 SQ$_2$,SQ$_2$ 常闭断开,KM$_2$ 线圈失电,KM$_2$ 主触点和自锁触点断开,电动机停转,工作台停止右移。稍后,KM$_2$ 互锁触点闭合,为工作台左移做好准备。

3. 自动往返循环控制电路

某些生产机械的工作台需要自动改变运动方向,即自动往返。工作台自动往返工作示意图,如图 5-3-8 所示。自动往返电气原理图如图 5-3-2 所示。行程开关 SQ$_1$、SQ$_2$ 用来自动切换电动机正反转控制电路,实现工作台的自动往返行程控制。

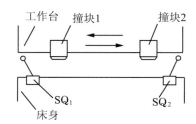

图 5-3-8 工作台自动往返工作示意图

动往返控制工作过程分析。

启动时:

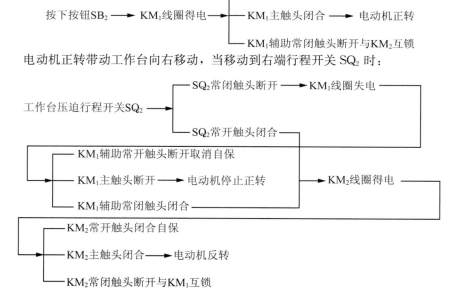

电动机反转带动工作台向左移动，当移动到左端行程开关 SQ₁ 时：

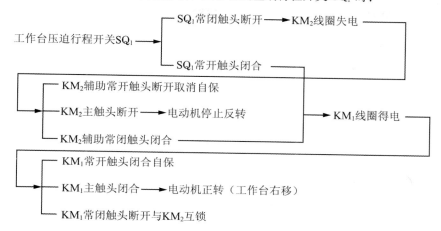

停止时：

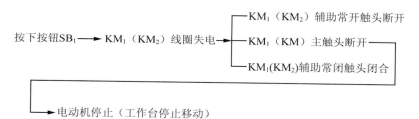

4. 带限位保护的自动往返控制线路

(1)工作原理。

行程开关控制的电动机正、反转自动循环控制线路如图 5-3-9 所示。利用行程开关可以实现电动机正、反转循环。为了使电动机的正、反转控制与工作台的左右运动相配合，在控制线路中设置了四个位置开关 SQ₁、SQ₂、SQ₃ 和 SQ₄，并把它们安装在工作台需限位的地方。其中 SQ₁、SQ₂ 被用来自动换接电动机正、反转控制电路，实现工作台的自动往返行程控制；SQ₃、SQ₄ 被用来作终端保护，以防 SQ₁、SQ₂ 失灵，工作台越过限定位置而造成事故。在工作台边的 T 形槽中装有两块挡铁，挡铁 1 只能和 SQ₁、SQ₃ 相碰撞，挡铁 2 只能和 SQ₂、SQ₄ 相碰撞。当工作台运动到所限位置时，挡铁碰撞位置开关，使其触点动作，自动换接电动机正、反转控制电路，通过机械传动机构使工作台自动往返运动。工作台行程可通过移动挡铁位置来调节，拉开两块挡铁间的距离，行程就短；反之，则长。

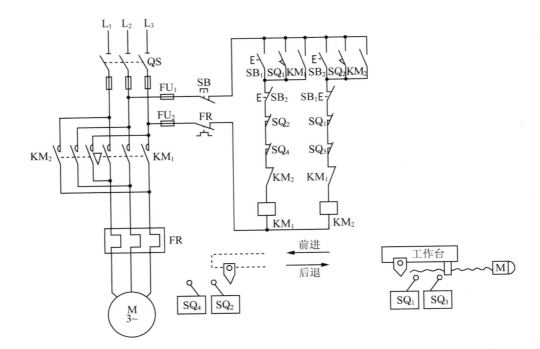

图 5-3-9 带限位保护的自动往返控制

微课视频

2. 工作过程。

先合上电源开关 QS，按下前进启动按钮 SB$_1$→接触器 KM$_1$ 线圈得电→KM$_1$ 主触点和自锁触点闭合→电动机 M 正转→带动工作台前进→当工作台运行到 SQ$_2$ 位置时→撞块压下 SQ$_2$→其常闭触点断开(常开触点闭合)→使 KM$_1$ 线圈断电→KM$_1$ 主触点和自锁触点断开，KM$_1$ 动合触点闭合→KM$_2$ 线圈得电→KM$_2$ 主触点和自锁触点闭合→电动机 M 因电源相序改变而变为反转→拖动工作台后退→当撞块又压下 SQ$_1$ 时→KM$_2$ 断电→KM$_1$ 又得电动作→电动机 M 正转→带动工作台前进，如此循环往复。按下停车按钮 SB，KM$_1$ 或 KM$_2$ 接触器断电释放，电动机停止转动，工作台停止。SQ$_3$、SQ$_4$ 为极限位置保护的限位开关，防止 SQ$_1$ 或 SQ$_2$ 失灵时，工作台超出运动的允许位置而产生事故。

➲ 思考与练习

1. 行程开关在电路中的作用是什么？实际电路安装时怎么应用？

2. 工作台自动往返控制电路中，若左右限位开关失效，即当向左或向右压迫行程开关时工作台不能自动换向。这时工作台会一直向左或向右移动，直至滑下卡轨。

试想如何才能防止工作台滑下卡轨？为什么？

➔ 任务评价

经过学习之后，请填写任务质量完成评价表，见表 5-3-2。

表 5-3-2　任务完成质量评价表

项目内容	配分	评 分 标 准	得分
器材准备	5 分	不清楚元器件的功能及作用(扣 2 分)	
		不能正确选用元器件(扣 3 分)	
工具、仪表的使用	5 分	不会正确使用工具(扣 2 分)	
		不能正确使用仪表(扣 3 分)	
装前检查	10 分	电动机质量检查(每漏一处扣 2 分)	
		电器元件漏检或错检(每处扣 2 分)	
安装元件	20 分	安装不整齐、不合理(每件扣 5 分)	
		元件安装不紧固(每件扣 4 分)	
		损坏元件(每件扣 15 分)	
布线	30 分	不按电路图接线(扣 10 分)	
		布线不符合要求 (主电路每根扣 4 分，控制电路每根扣 2 分)	
		损伤导线绝缘或线芯(每根扣 5 分)	
		接点松动、露铜过长、压绝缘层、反圈等 (每个接点扣 1 分)	
		漏套或错套编码套管(教师要求)(每处扣 2 分)	
		漏接接地线(扣 10 分)	
通电试车	30 分	热继电器未整定或整定错(扣 5 分)	
		熔体规格配错(主、控电路各扣 5 分)	
		第一次试车不成功(扣 10 分) 第二次试车不成功(扣 20 分) 第三次试车不成功(扣 30 分)	
安全文明生产	10 分	违反安全文明操作规程(视实际情况进行扣分)	
备注		如果未能按时完成，根据情况酌情扣分	
开始时间	结束时间	实际时间	总成绩	

项目六

电动机降压启动控制线路安装

➔ 学习目标

1. 了解降压启动在实际工程中的意义及常用降压启动方式，掌握常用降压启动实现的方法。

2. 读懂电动机降压启动控制线路电气原理图，掌握降压启动控制线路的工作原理。

3. 能根据需要选取和安装低压控制电器。

4. 能根据原理图绘制平面布置图和安装接线图，能根据原理图和电气接线图，按照工艺要求，安装电动机降压启动控制线路。

5. 会正确使用万用表对电动机降压启动控制线路的静态检测。

6. 养成良好的职业习惯，安全规范操作。规范使用电工工具，防止损坏工具、器件和误伤人员；线路安装完毕，未经教师允许，不得私自通电。

任务 1　定子绕阻串电阻时间继电器控制降压启动线路安装

场景描述

在实际机械生产设备中，当拖动运动部件的电动机容量较大，为了限制启动电流、避免电网电压显著下降和减小启动电流对电动机定子绕组的冲击，一般采用降压启动。降压启动是借助启动设备将电源电压适当降低后加在定子绕组上进行启动，待电动机转速升高到接近稳定时，再使电压恢复到额定值，转入正常运行。如空调压缩机和带式输送机中要求电动机启动过程中先低压启动，启动起来之后再转为高压运转。空调压缩机和带式输送机如图 6-1-1 所示。

（a）空调压缩机

（b）带式输送机

图 6-1-1　空调压缩机和带式输送机

任务描述

熟练阅读电动机定子绕组串电阻时间继电器控制降压启动线路电气原理图，分析其工作原理。根据原理图选择电路所需低压电器元件并检测其质量好坏；画出合理布局的平面布置图，进行器件的安装；画出安装接线图，按工艺要求，进行线路的安装；安装连接完毕后，能熟练地对电路进行静态检测；如有故障，能根据故障现象，找出故障原因并排除。

实践操作

1. 配齐需要的工具，仪表和合适的导线

根据线路安装的要求配齐工具（如尖嘴钳、一字螺钉旋具、十字螺钉旋具、剥线钳、试电笔等），仪表（如万用表等）。根据控制对象选择合适的导线，主电路采用 BV1.5 mm²（红色、绿色、黄色）；控制电路采用 BV0.75 mm²（黑色）；按钮线采用

BVR0.75 mm²(红色);接地线采用 BVR1.5 mm²(黄色、绿色)。

2. 阅读分析电气原理图

读懂电动机定子绕组串电阻降压启动控制线路电气原理图,如图 6-1-2 所示。明确线路安装所用元件及作用。并根据原理图画出布局合理的平面布置图和电气接线图。

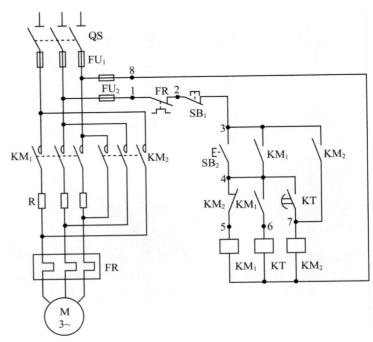

图 6-1-2　定子绕组串阻时间继电器控制降压启动电气原理图

3. 器件选择

根据原理图正确选择线路安装所需的低压电器元件,并明确其型号规格、个数及用途,见表 6-1-1。

表 6-1-1　电气元件明细表

符号	名称	型号及规格	数量	用途
QS	组合开关	HZ10-25/3	1	三相交流电源引入
M	交流电动机	YS-5024W	1	
SB₁	停止按钮	LAY7	1	停止
SB₂	启动按钮	LAY7	1	启动

续表

符号	名称	型号及规格	数量	用途
R	电阻器	ZX2-2/0.7	3	限流电阻
FU$_1$	主电路熔断器	RT18-32　5 A	3	主电路短路保护
FU$_2$	控制电路熔断器	RT18-32　1 A	2	控制电路短路保护
KM$_1$	交流接触器	CJX2-1210	1	控制 M 运转
KM$_2$	交流接触器	CJX2-1210	1	启动控制
KT	时间继电器	ST6P-z	1	启动过程控制
FR	热继电器	JRS1-09308	1	M 过载保护
	导线	BV 1.5 mm^2		主电路接线
	导线	BVR 0.75 mm^2，1.5 mm^2		控制电路接线，接地线
XT	端子排	主电路 TB-2512L	1	
XT	端子排	控制电路 TB-1512	1	

4. 低压电器检测安装

使用万用表对所选低压电器进行检测后，根据元件布置图安装固定电器元件。安装布置图如图 6-1-3 所示。

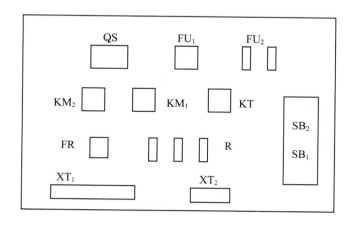

图 6-1-3　定子绕组串电阻控制线路元件布置图

5. 定子绕组串电阻降压启动控制线路连接

根据电气原理图，完成电动机定子绕组串电阻控制线路的连接。

(1)主电路接线。将三相交流电源分别接到转换开关的进线端，从转换开关的出线端接到主电路熔断器 FU$_1$ 的进线端；将 KM$_1$、KM$_2$ 主触点进线端对应相连后再与 FU$_1$ 出线端相连；KM$_1$ 主触点出线端与启动电阻的进线端相连，KM$_2$ 主触点出线端与启动电阻出线端相连后与 FR 热元件进线端相连；FR 热元件出线端通过端子排分别接电动机接线盒中的 U$_1$、V$_1$、W$_1$ 接线柱。

(2)控制线路连接。具体接线：任取两只主电路熔断器的出线端，接在控制电路两只熔断器 FU$_2$ 的进线端。

1 点：将其中一个熔断器 FU$_2$ 的出线端与 FR 的常闭触点的进线端相连。

2 点：FR 的常闭触点的出线端通过端子排与停止按钮 SB$_1$ 常闭进线端相连。

3 点：在按钮内部将 SB$_1$ 常闭触点出线端、SB$_2$ 常开触点进线端相连；再将 KM$_1$ 常开辅助触点进线端、KM$_2$ 常开辅助触点进线端相连，然后两者再通过端子排相连。

4 点：SB$_2$ 常开触点出线端通过端子排与 KM$_2$ 常闭辅助触点、KM$_1$ 常开辅助触点出线端与 KM$_1$ 另一对常开辅助触点出线端和时间继电器 KT 延时闭合的常开触点相连。

5 点：KM$_2$ 常闭辅助触点出线端与 KM$_1$ 线圈进线端相连。

6 点：KM$_1$ 常开辅助触点出线端与 KT 线圈进线端相连。

7 点：KT 延时闭合的常开触点出线端和 KM$_2$ 辅助常开触点的出线端与 KM$_2$ 线圈进线端相连。

8 点：将另一个熔断器 FU$_2$ 的出线端与 KM$_1$、KM$_2$ 和 KT 线圈的出线端相连。

6. 安装电动机

安装电动机并完成电源、电动机(按要求接成星形或三角形)和电动机保护接地线等控制面板外部的线路连接。

完成的电动机定子绕组串电阻降压启动电气控制接线图，如图 6-1-4 所示。

7. 静态检测

(1)根据原理图和电气接线图从电源端开始，逐点核对接线及接线端子处连接是否正确，有无漏接、错接之处。检查导线接点是否符合要求，压接是否牢固。

(2)对主电路和控制电路进行通断检测。

①主电路检测。接线完毕，反复检查确认无误后，在不通电的状态下对主电路进行检查。强行闭合 KM$_1$ 主触点，万用表置于电阻档，测得各相电阻基本相等且近似

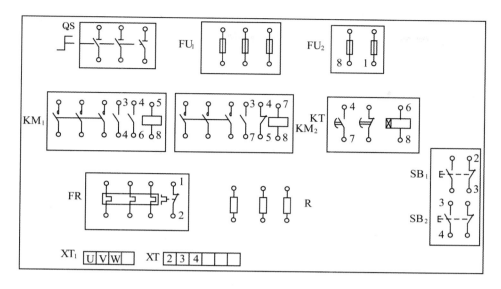

图 6-1-4　定子绕组串电阻时间继电器控制降压启动电气控制接线图

为启动电阻阻值；放开 KM_1 主触点，测得各相电阻为"∞"，则接线正确。强行闭合 KM_2 主触点，万用表置于电阻档，若测得各相电阻基本相等且近似为"0"；而松开 KM_2 主触点，测得各相电阻为"∞"，则接线正确。

②控制电路检测。选择万用表的 $R×1$ 档，然后将红、黑表笔对接调零。

检查启动控制：断开主电路，按下启动按钮 SB_2，万用表读数应为接触器线圈的直流电阻值(如 CJX2 线圈直流电阻约为 15 Ω)，松开 SB_2 或按下 SB_1，万用表读数为"∞"。

检查降压启动与全压运转转换控制：按下启动按钮 SB_2 或 KM_1 触点架的同时，短接时间继电器 KT 延时闭合的常开触点，万用表读数应为接触器 KM_1 和 KM_2 线圈的并联直流电阻值。松开 SB_2、KM_1 触点架或按下 SB_1，万用表读数为"∞"。

检查全压运转控制：按下 KM_2 触点架，万用表读数应为接触器线圈的直流电阻值(如 CJX2 线圈直流电阻约为 15 Ω)，松开 KM_2 触点架或按下 SB_1，万用表读数为"∞"。

8.通电试车

通电试车必须在指导教师现场监护下，严格按安全规程的有关规定操作，防止安全事故的发生。

通电时先接通三相交流电源，合上转换开关 QS。按下 SB₂，电动机低压运转(交流接触器 KM₁ 动作)，同时时间继电器开始计时，定时时间到了之后自动转为全压运转(交流接触器 KM₂ 动作)。按下 SB1，电动机停止运转。操作过程中，观察各器件动作是否灵活，有无卡阻及噪声过大等现象，电动机运行有无异常。发现问题，应立即切断电源进行检查。

9. 定子绕组串电阻降压启动的常见故障分析

(1)按下启动按钮 SB₂，电动机不能启动。

分析：启动按钮连接有误或降压启动接触器线圈连接有误。

(2)按下启动按钮电动机运转，松开后电动机停止。

分析：降压启动接触器自锁触点连接有误。

(3)时间继电器定时时间到了后电动机反转。

分析：时间到了后电动机反转，说明降压启动和全压运转的切换控制没有问题，主要原因是在主电路中两个交流接触器的主触点连接换相。

(4)时间继电器定时时间到了后，电动机停止。

分析：接触器切换动作正常，但全压运转接触器的自锁触点不起作用。

→ 经验分享 ————————————————————————————

(1)主电路两个交流接触器不能换相，否则会出现全压运行时电动机反转。

(2)时间继电器在全压运行时要断电，以便延长时间继电器的使用寿命。

→ 知识窗 ————————————————————————————————

假设定子串电阻降压启动后，定子端电压由 U_1 降低到 U_1' 时，电动机保持其他参数不变，则其启动电流与定子绕组端电压成正比，即

$$\frac{U_1}{U_1'}=\frac{I_{1Q}}{I_{1Q}'}=K_o$$

式中：I_{1Q}——直接启动电流；

　　　I_{1Q}'——降压后的启动电流；

　　　K_o——启动电压降低的倍数，即电压比，$K_o>1$。

降压启动时的电压比对启动时的电流、转矩的大小都有影响。而电压比的大小又由降压电阻的大小所决定。电阻值越大，定子启动电压 U_1' 越小，K_o 越大。降压电阻

的大小由经验公式估算：

$$R = \frac{I_{1Q} - I'_{1Q}}{I_{1Q}I'_{1Q}} \times 190(\Omega)。$$

➡ 操作训练 ─────────────────────────────●

安装连接如图 6-1-5 所示的降压启动电路。

➡ 知识链接 ─────────────────────────────●

一、　降压启动基本知识

三相笼型异步电动机有直接启动和降压启动两种方式。直接启动简单、可靠、经济。但由电工学知道，三相笼型异步电动机的直接启动电流是其额定电流的 4～7 倍。一方面过大的启动电流会造成电网电压显著下降，直接影响在同一电网工作的其他电动机及用电设备正常运行；另一方面电动机频繁启动会严重发热，加速线圈老化，缩短电动机的寿命。

降压启动指利用启动设备将电压适当降低后加到电动机的定子绕组上进行启动，待电动机启动运转后，再使其电压恢复到额定值正常运转，由于电流随电压的降低而减小，所以降压启动达到了减小启动电流的目的。但同时，由于电动机转矩与电压的平方成正比，所以降压启动也将导致电动机的启动转矩大大降低。因此，降压启动需要在空载或轻载下启动。

常见的降压启动方法有定子绕组串电阻（或电抗）降压启动、星形—三角形降压启动、自耦变压器降压启动和使用软启动器等。常用的方法是星形—三角形降压启动和使用软启动器。

其中定子绕组串电阻降压启动是指在电动机启动时，把电阻串接在电动机定子绕组与电源之间，通过电阻的分压作用来降低定子绕组上的启动电压；待电动机启动后，再将电阻短接，使电动机在额定电压下正常运行。这种降压启动控制线路有手动控制、时间继电器控制等。

串电阻降压启动的缺点是减少了电动机的启动转矩，同时启动时在电阻上功率消耗也较大，如果启动频繁，则电阻的温度很高，对于精密的机床会产生一定的影响，故这种降压启动方法在生产实际中的应用正逐步减少。

二、定子绕组串电阻时间继电器降压启动控制线路

1. 定子绕组串电阻时间继电器控制降压启动过程分析

时间继电器控制的定子绕组串电阻降压启动是通过时间继电器的定时功能，电动机启动时接通启动电阻，定时时间到了之后自动将启动电阻短接，以实现全压运行。其电气原理图如图 6-1-2 所示。其工作过程分析如下。

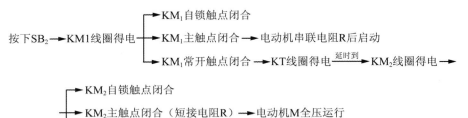

按下SB₂→KM1线圈得电→

- KM₁自锁触点闭合
- KM₁主触点闭合 → 电动机串联电阻R后启动
- KM₁常开触点闭合 → KT线圈得电 —延时到→ KM₂线圈得电 →

- KM₂自锁触点闭合
- KM₂主触点闭合（短接电阻R）→ 电动机M全压运行
- KM₂常闭触点断开 → KM₁，KT线圈断电释放

按下SB₁ → KM₂线圈失电 → 电动机M停转

2. 按钮控制的定子绕组串电阻降压启动控制线路

按钮控制的定子绕组串电阻降压启动是通过操作人员按动按钮完成降压启动到全压运转的转换过程，电动机启动时接通启动电阻，启动一段时间后操作人员按下切换按钮，以实现降压启动到全压运行的转换。其电气原理图如图 6-1-5 所示。

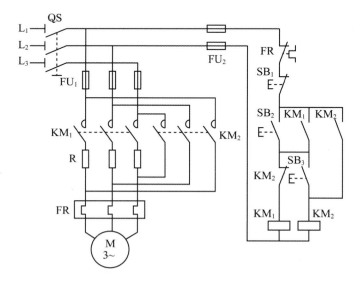

图 6-1-5　按钮控制定子绕组串电阻降压启动控制电路

其工作过程分析如下。

(1)降压启动。按下按钮 SB_2→KM_1 线圈得电→KM_1 主触点和常开辅助触点闭合→电动机 M 定子串电阻降压启动。

(2)全压运行。待笼型电动机启动好后，按下按钮 SB_3→KM_2 线圈得电→KM_2 常闭辅助触点先断开→KM_1 线圈得电→KM_2 主触点和辅助常开触点闭合→电动机 M 全压运行。

(3)停止。按停止按钮 SB_1→整个控制电路失电→KM_2（或 KM_1）主触点断开→电动机 M 失电停转。

思考与练习

一、填空题

1. 电动机的启动有_____和降压启动两种启动方式，其中常用的降压启动方式有_____、_____和_____。

2. 定子绕组串电阻降压启动是在三相定子电路中串接电阻来降低_____上的电压，使电动机在降低了的电压下启动，以达到限制启动电流的目的。在具体线路中可采用_____或_____控制来加以实现。

二、简答题

1. 大容量电动机实际工作中为什么要采用降压启动？常见的降压启动方式有哪些？

2. 异步电动机的额定值：$P_N=20$ kW，$I_N=38.2$ A，$U_N=380$ V。取 $K_u=3$。试确定降压启动时所需串入的启动电阻。

任务评价

经过学习之后，请填写任务质量完成评价表，见表 6-1-2。

表 6-1-2 任务完成质量评价表

项目内容	配分	评 分 标 准	得分
器材准备	5 分	不清楚元器件的功能及作用（扣 2 分）	
		不能正确选用元器件（扣 3 分）	
工具、仪表的使用	5 分	不会正确使用工具（扣 2 分）	
		不能正确使用仪表（扣 3 分）	

项目内容	配分	评 分 标 准	得分
装前检查	10分	电动机质量检查(每漏一处扣2分)	
		电器元件漏检或错检(每处扣2分)	
安装元件	20分	安装不整齐、不合理(每件扣5分)	
		元件安装不紧固(每件扣4分)	
		损坏元件(每件扣15分)	
布线	30分	不按电路图接线(扣10分)	
		布线不符合要求 (主电路每根扣4分,控制电路每根扣2分)	
		损伤导线绝缘或线芯(每根扣5分)	
		接点松动、露铜过长、压绝缘层、反圈等 (每个接点扣1分)	
		漏套或错套编码套管(教师要求)(每处扣2分)	
		漏接接地线(扣10分)	
通电试车	30分	热继电器未整定或整定错(扣5分)	
		熔体规格配错(主、控电路各扣5分)	
		第一次试车不成功(扣10分) 第二次试车不成功(扣20分) 第三次试车不成功(扣30分)	
安全文明生产	10分	违反安全文明操作规程(视实际情况进行扣分)	
备注		如果未能按时完成,根据情况酌情扣分	
开始时间		结束 时间	实际 时间	总成绩	

任务 2 按钮控制 Y—△ 降压启动线路安装

➡ 任务描述

　　熟练阅读电动机按钮控制 Y—△ 降压启动控制线路电气原理图,分析其工作原理。根据原理图选择电路所需低压电器元件并检测其质量好坏；画出合理布局的平面布置图，进行器件的安装；画出安装接线图，按工艺要求，进行线路的安装；安装连接完毕后，能熟练地对电路进行静态检测；如有故障，能根据故障现象，找出故障原因并排除。

→ 实践操作

1. 配齐需要的工具，仪表和合适的导线

根据线路安装的要求配齐工具(如尖嘴钳、一字螺钉旋具、十字螺钉旋具、剥线钳、试电笔等)，仪表(如万用表等)。根据控制对象选择合适的导线，主电路采用BV1.5 mm²(红色、绿色、黄色)；控制电路采用 BV0.75 mm²(黑色)；按钮线采用BVR0.75 mm²(红色)；接地线采用 BVR1.5 mm²(黄色、绿色)。

2. 阅读分析电气原理图

读懂按钮控制 Y—△降压启动控制线路电气原理图，如图 6-2-1 所示。明确线路安装所用元件及作用。并根据原理图画出布局合理的平面布置图和电气接线图。

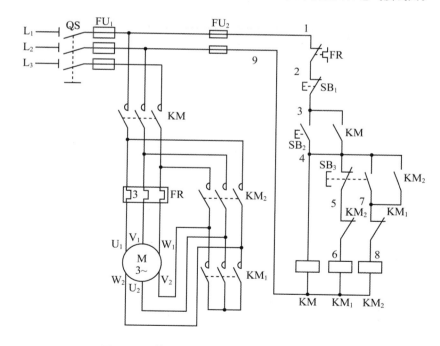

图 6-2-1　按钮控制 Y—△降压启动电气原理图

3. 器件选择

根据原理图正确选择线路安装所需要的低压电器元件,并明确其型号规格、个数及用途,见表 6-2-1。

表 6-2-1　电气元件明细表

符号	名称	型号及规格	数量	用途
M	交流电动机	YS-5025W	1	
QS	组合开关	HZ10-25/3	1	三相交流电源引入
SB$_1$	停止按钮	LAY7	1	停止
SB$_2$	启动按钮	LAY7	1	星形启动
SB$_3$	转换按钮	LAY7	1	三角形运转
FU$_1$	主电路熔断器	RT18-32　5 A	3	主电路短路保护
FU$_2$	控制电路熔断器	RT18-32　1 A	2	控制电路短路保护
KM	交流接触器	CJX2-1210	1	电源接触器
KM$_1$	交流接触器	CJX2-1210	1	星形接触器
KM$_2$	交流接触器	CJX2-1210	1	三角形接触器
FR	热继电器	JRS1-09308	1	M 过载保护
	导线	BV 1.5 mm^2		主电路接线
	导线	BVR 0.75 mm^2,1.5 mm^2		控制电路接线,接地线
XT	端子排	主电路 TB-2512L	1	
XT	端子排	控制电路 TB-1512	1	

4. 低压电器检测安装

使用万用表对所选低压电器进行检测后,根据元件布置图安装固定电器元件。安装布置图如图 6-2-2 所示。

5. 按钮控制 Y—△降压启动控制线路连接

根据电气原理图,完成电动机按钮控制 Y—△降压启动控制线路的线路连接。

(1)主电路接线。

将接线端子排 JX 上左起 1、2、3 号接线柱分别定为 L$_1$、L$_2$、L$_3$,用导线连接至

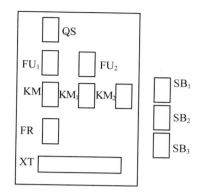

图 6-2-2　按钮控制 Y—△降压启动线路元件布置图

QS，再由 QS 接至 FU_1 进线端，FU_1 出线端连接到 KM 主触点进线端，KM 主触点出线端与 KM_2 主触点进线端相连后接到 FR 的热元件进线端，FR 的热元件出线端通过端子排接到电动机定子绕组的 U_1、V_1、W_1；KM_2 主触点出线端与 KM_1 主触点的进线端相连后通过端子排接到电动机定子绕组的 U_2、V_2、W_2，将 KM_1 主触点出线端通过导线短接起来。

特别要注意以下两点：

①接线时要保证电动机△形接法的正确性。即接触器 KM_2 主触点闭合时，应保证定子绕组的 U_1 与 W_2、V_1 与 U_2、W_1 与 V_2 相连接。

②接触器 KM_1 的进线必须从三相定子绕组末端引入，若误将其首端引入，则在 KM_2 吸合时，会产生三相电源短路事故。

（2）控制线路连接。

具体接线：任取两只主电路熔断器，其出线端与控制电路两只熔断器 FU_2 的进线端相连。

1 点：将其中一个 FU_2 的出线端与 FR 的常闭触点的进线端相连。

2 点：FR 的常闭触点的出线端通过端子排接在停止按钮 SB_1 常闭触点进线端。

3 点：在按钮内部将 SB_1 常闭触点出线端、SB_2 常开触点进线端相连；然后通过端子排与 KM 常开辅助触点进线端相连。

4 点：在按钮内部将 SB_2 常开触点出线端与 SB_3 常闭触点进线端、SB_3 常开触点进线端连接起来；通过端子排与 KM 常开辅助触点出线端、KM_2 常开辅助触点进线端相连。

5点：KM$_2$常闭辅助触点进线端通过端子排与SB$_3$常闭触点出线端相连。

6点：KM$_2$常闭辅助触点出线端与KM$_1$线圈进线端相连。

7点：KM$_2$常开辅助触点出线端与KM$_1$常闭辅助触点进线端相连后，通过端子排与SB$_3$常开触点出线端相连。

8点：KM$_1$常闭辅助触点出线端与KM$_2$线圈进线端相连。

9点：将另一个FU$_2$的出线端与KM、KM$_1$、KM$_2$线圈的出线端相连。

6. 安装电动机

安装电动机并完成电源和电动机保护接地线等控制面板外部的线路连接。

7. 静态检测

(1)根据原理图和电气接线图从电源端开始，逐点核对接线及接线端子处连接是否正确，有无漏接、错接之处。检查导线接点是否符合要求，压接是否牢固。

(2)主电路和控制电路通断检测。

①主电路检测。接线完毕，学生反复检查确认接线无误后，不通电，用万用表电阻档检查。先同时强行按下KM、KM$_1$主触点，用万用表表笔依次接QS各输出端至KM$_1$输出端，每次测量电阻值应基本相等，近似等于电动机一相电阻值；松开KM$_1$主触点，强行闭合KM$_2$主触点，用万用表分别测QS两出线端的电阻，应近似等于电动机每相绕组电阻的2/3，则接线正确。

②控制电路检测。选择万用表的R×1档，然后将红、黑表笔对接调零。

将万用表笔接控制电路的1、9两点，按下SB$_2$时，万用表读数应为一只接触器线圈的电阻值的一半(因为此时是两只同规格的接触器并联)。按住SB$_2$不放，再按下SB$_3$，万用表读数不变，再按下SB$_1$，万用表读数为"∞"，则接线正确。

8. 通电试车

通电试车必须在指导教师的现场监护下，严格按安全规程的有关规定操作，防止安全事故的发生。

通电时先接通三相交流电源，合上转换开关QS。按下SB$_2$，电动机将以星形连接启动，用万用表检测每相绕组电压应为220 V；按下SB$_3$，电动机将以三角形连接正常运行，用万用表检测每相绕组电压应为380 V；按下SB$_1$，电动机停转；试车完毕，断开转换开关QS。操作过程中，观察各器件动作是否灵活，有无卡阻及噪声过大等现象，电动机运行有无异常。发现问题，应立即切断电源进行检查。

经验分享

（1）Y—△降压启动电路，只适用于△形接法的异步电动机。进行 Y—△启动接线时，应先将电动机接线盒的连接片拆除，必须将电动机的 6 个出线端子全部引出。

（2）接线时要注意电动机的三角形接法不能接错，应将电动机定子绕组的 U_1、V_1、W_1 通过 KM_2 接触器分别与 W_2、U_2、V_2 相连，否则会产生短路现象。

（3）KM_1 接触器的进线必须从三相绕组的末端引入，若误将首端引入，则 KM_2 接触器吸合时，会产生三相电源短路事故。

（4）接线时，应特别注意电动机的首尾端接线相序不可有错，如果接线有错，在通电运行会出现启动时电动机正转，运行时电动机反转，导致电动机突然反转电流剧增烧毁电动机或造成掉闸事故。

操作训练

线路安装完毕后，将万用表的表笔放在如图 6-2-1 所示的 1、9 两点上，观察按下 SB_2 时和同时强行闭合 KM_2 时万用表的指针有何不同，为什么？

知识链接

一、 电动机定子绕组的连接方式

三相交流异步电动机三相绕组对称分布在定子铁心中，每相绕组有两个引出头，三相共有 6 个引出头，首端分别用 U_1、V_1、W_1 表示，尾端对应用 U_2、V_2、W_2 表示。绕组有两种连接方法：星形（Y 形）和三角形（△形），如图 6-2-3 所示。

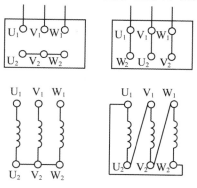

图 6-2-3　三相异步电动机定子绕组的连接

　　Y—△降压启动只适用于正常运转时定子绕组作△连接的电动机。启动时，先将定子绕组接成 Y 形，使加在每相绕组上的电压降低到额定电压的 $\frac{1}{\sqrt{3}}$，从而降低了启动电压；待电动机转速升高后，再将绕组接成△形，使其在额定电压下运行。Y—△启动主电路示意图如图 6-2-4 所示。

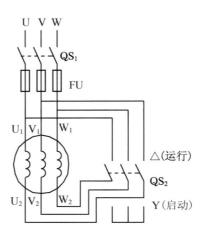

图 6-2-4　Y—△降压启动主电路示意图

　　星形启动时的启动电流(线电流)仅为三角形直接启动时电流(线电流)的 $\frac{1}{3}$，即 $I_{Yst} = \frac{1}{3} I_{\triangle st}$；其启动转矩也为后者的 1/3，即 $T_{Yst} = \frac{1}{3} T_{\triangle st}$。所以，这种方法只适用于电动机轻载或空载时启动。

二、 电动机按钮控制 Y—△ 降压启动

1. 按钮控制 Y—△降压启动工作过程

微课视频

(1)电动机 Y 形降压启动。

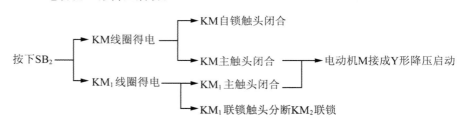

(2)当电动机转速上升并接近额定值时，△形连接全压运行。

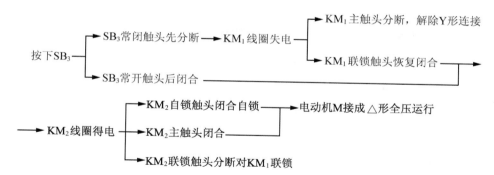

（3）停止。

按下 SB₁→控制电路接触器线圈失电→主电路中的主触点断开→电动机 M 停转。

2. 按钮控制 Y—△降压启动控制电路常见故障

（1）按下启动按钮 SB₂，电机不能启动。

分析：主要原因可能是启动按钮或接触器接线有误，自锁、互锁没有实现。

（2）按下按钮 SB₃ 无法由 Y 形接法正常切换到△形接法。

分析：主要原因是按钮 SB₃ 的常开或常闭触点连接有误。

（3）启动时主电路短路。

分析：主要原因是主电路接线错误。

（4）Y 形启动过程正常，但△形运行时电动机发出异常声音转速也急剧下降。

分析：接触器切换动作正常，表明控制电路接线无误。问题出现在接上电动机后，从故障现象分析，很可能是电动机主回路接线有误，使电路由 Y 转接到△接时，送入电动机的电源顺序改变了，电动机由正常启动突然变成了反序电源制动，强大的反向制动电流造成了电动机转速急剧下降和声音异常。

处理故障：核查主回路接触器及电动机接线端子的接线顺序。

思考与练习

一、填空题

1. 三相交流异步电动机定子绕组的连接方式有_____和_____。

2. 三相交流异步电动机星形启动时的启动电流是三角形全压启动电流的_____倍。

3. Y—△形降压启动方式仅适用于正常运行时定子绕组的连接方法为_____接法的电动机的空载或_____启动。

二、简答题

如果启动时电动机一直运行在 Y 接状态，不能转到△接状态，会是什么原因？

→ 任务评价

经过学习之后，请填写任务质量完成评价表，见表 6-2-2。

表 6-2-2　任务完成质量评价表

项目内容	配分	评 分 标 准	得分
器材准备	5 分	不清楚元器件的功能及作用(扣 2 分)	
		不能正确选用元器件(扣 3 分)	
工具、仪表的使用	5 分	不会正确使用工具(扣 2 分)	
		不能正确使用仪表(扣 3 分)	
装前检查	10 分	电动机质量检查(每漏一处扣 2 分)	
		电器元件漏检或错检(每处扣 2 分)	
安装元件	20 分	安装不整齐、不合理(每件扣 5 分)	
		元件安装不紧固(每件扣 4 分)	
		损坏元件(每件扣 15 分)	
布线	30 分	不按电路图接线(扣 10 分)	
		布线不符合要求 (主电路每根扣 4 分，控制电路每根扣 2 分)	
		损伤导线绝缘或线芯(每根扣 5 分)	
		接点松动、露铜过长、压绝缘层、反圈等 (每个接点扣 1 分)	
		漏套或错套编码套管(教师要求)(每处扣 2 分)	
		漏接接地线(扣 10 分)	
通电试车	30 分	热继电器未整定或整定错(扣 5 分)	
		熔体规格配错(主、控电路各扣 5 分)	
		第一次试车不成功(扣 10 分) 第二次试车不成功(扣 20 分) 第三次试车不成功(扣 30 分)	
安全文明生产	10 分	违反安全文明操作规程(视实际情况进行扣分)	

续表

项目内容	配分	评 分 标 准		得分
备注		如果未能按时完成，根据情况酌情扣分		
开始时间		结束时间	实际时间	总成绩	

任务 3 时间继电器控制 Y—△ 降压启动线路安装

➔ 任务描述

熟练阅读电动机时间继电器控制 Y—△ 降压启动控制线路的电气原理图，分析其工作原理。根据原理图选择电路所需低压电器元件并检测其质量好坏；画出合理布局的平面布置图，进行器件的安装；画出安装接线图，按工艺要求，进行线路的安装；安装连接完毕后，能熟练地对电路进行静态检测；如有故障，能根据故障现象，找出故障原因并排除。

➔ 实践操作

1. 配齐需要的工具，仪表和连接导线

根据线路安装的要求配齐工具(如尖嘴钳、一字螺钉旋具、十字螺钉旋具、剥线钳、试电笔等)，仪表(如万用表等)。根据控制对象选择合适的导线，主电路采用 BV1.5 mm²(红色、绿色、黄色)；控制电路采用 BV0.75 mm²(黑色)；按钮线采用 BVR0.75 mm²(红色)；接地线采用 BVR1.5 mm²(黄色、绿色)。

2. 阅读分析电气原理图

读懂电动机时间继电器控制 Y—△ 降压启动控制线路电气原理图，如图 6-3-1 所示。明确线路安装所用元件及作用，并根据原理图画出布局合理的平面布置图和电气接线图。

3. 器件选择

根据原理图正确选择线路安装所需要的低压电器元件，并明确其型号规格、个数及用途，见表 6-3-1。

表 6-3-1   电气元件明细表

符号	名称	型号及规格	数量	用途
M	交流电动机	YS-5024W	1	
QS	组合开关	HZ10-25/3	1	三相交流电源引入
SB$_1$	停止按钮	LAY7	1	停止
SB$_2$	启动按钮	LAY7	1	启动
KT	时间继电器	ST6P-z		启动过程控制
FU$_1$	主电路熔断器	RT18-32 5 A	3	主电路短路保护
FU$_2$	控制电路熔断器	RT18-32 1 A	2	控制电路短路保护
KM$_1$	交流接触器	CJX2-1210	1	电源接触器
KM$_3$	交流接触器	CJX2-1210	1	星形接触器
KM$_2$	交流接触器	CJX2-1210	1	三角形接触器
FR	热继电器	JRS1-09308	1	M 过载保护
	导线	BV 1.5 mm^2		主电路接线
	导线	BVR 0.75 mm^2，1.5 mm^2		控制电路接线，接地线
XT	端子排	主电路 TB-2512L	1	
XT	端子排	控制电路 TB-1512L	1	

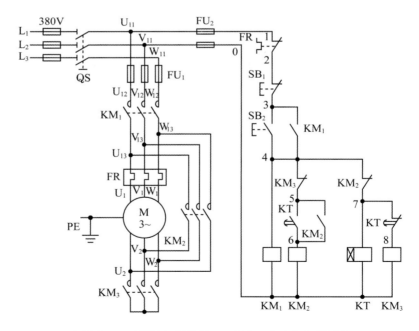

图 6-3-1   时间继电器控制 Y—△降压启动电气原理图

4. 器件检测固定

使用万用表对所选低压电器进行检测后，根据元件布置图安装固定电器元件。安装布置图如图 6-3-2 所示。

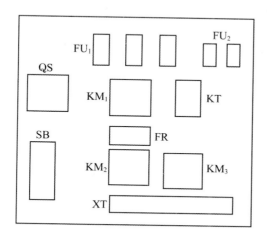

图 6-3-2 时间继电器控制 Y—△降压启动控制线路元件布置图

5. 时间继电器控制 Y—△降压启动控制线路连接

根据电气原理图和电气接线图，完成电动机时间继电器控制 Y—△降压启动线路连接。

时间继电器控制 Y—△降压启动电气接线图，如图 6-3-3 所示。

(1)主电路接线。将接线端子排 XT 上左起 1、2、3 号接线柱分别定为 L_1、L_2、L_3，用导线连接至 QS 进线端，再由 QS 出线端接至 FU_1 进线端，FU_1 出线端连接到 KM_1 主触点进线端，KM_1 主触点出线端与 KM_2 主触点进线端相连后接到 FR 的热元件进线端，FR 的热元件出线端通过端子排接到电动机定子绕组的 U_1、V_1、W_1；KM_2 主触点出线端与 KM_3 主触点的进线端相连后通过端子排接到电动机定子绕组的 U_2、V_2、W_2，将 KM_3 主触点出线端通过导线短接起来。

(2)控制线路连接。具体接线：任取电源开关的两组触点，其出线端接在两只熔断器 FU_2 的进线端。

1 点：任意一只 FU_2 出线端与 FR 常闭触点进线端相连。

2 点：FR 常闭触点出线端通过端子排与停止按钮 SB_1 常闭触点进线端相连。

3 点：SB_1 常闭触点出线端与 SB_2 常开触点进线端相连后，通过端子排与 KM_1 常

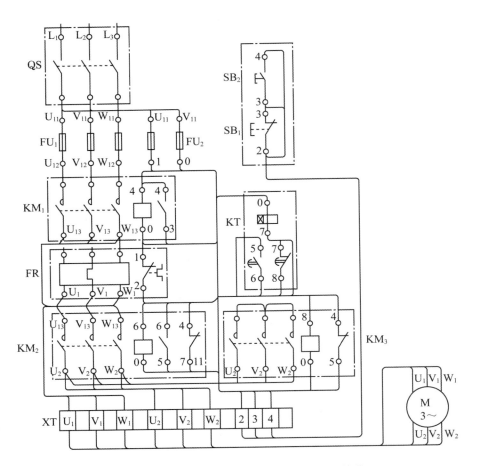

图 6-3-3　时间继电器控制 Y—△降压启动电气接线图

开辅助触点进线端相连。

　　4 点：SB₂ 常开触点出线端通过端子排与 KM₃、KM₂ 常闭辅助触点进线端、KM₁ 线圈进线端及 KM₁ 常开辅助触点出线端相连。

　　5 点：KM₃ 常闭辅助触点出线端与 KT 延时闭合的常开触点进线端、KM₂ 常开辅助进线端相连。

　　6 点：KT 延时闭合的常开触点出线端与 KM₂ 常开辅助触点出线端、KM₂ 线圈进线端相连。

　　7 点：KM₂ 常闭辅助触点出线端与 KT 延时断开的常闭触点进线端、KT 线圈进线端相连。

　　8 点：KT 延时断开的常闭触点出线端与 KM₃ 线圈的进线端相连。

0 点：KM_1、KM_2、KT、KM_3 线圈出线端相连后与另一只 FU_2 出线端相连。

6. 安装电动机

安装电动机并完成电源和电动机保护接地线等控制面板外部的线路连接。

7. 静态检测

(1)根据原理图和电气接线图从电源端开始，逐点核对接线及接线端子处连接是否正确，有无漏接、错接之处。检查导线接点是否符合要求，压接是否牢固。

(2)对主电路和控制电路进行通断检测。

①主电路检测。接线完毕，学生反复检查确认接线无误后，不通电，用万用表电阻档检查。先同时强行按下 KM_1 和 KM_3 主触点，用万用表表笔依次接 QS 各输出端至 KM_3 输出端，每次测量电阻值应基本相等，近似等于电动机一相电阻值；松开 KM_3 主触点，强行闭合 KM_2 主触点，用万用表分别测 QS 两出线端的电阻，应近似等于电动机每相绕组电阻的 2/3，则接线正确。

②控制电路检测。选择万用表的 R×1 档，然后将其红、黑表笔对接调零。

将万用表笔接控制电路的 0—1 两点，按下 SB_2 时，万用表读数应为 KM_1 线圈、KT 线圈、KM_3 线圈直流电阻的并联值。松开 SB_2，强行闭合交流接触器 KM_1，万用表读数不变。

同时按下 KM_1 和 KM_2 的触点，万用表读数应为 KM_1 线圈与 KM_2 线圈直流电阻的并联值。按下 SB_1，万用表读数为"∞"，说明接线正确。

8. 通电试车

通电试车必须在指导教师现场监护下严格按安全规程的有关规定操作，防止安全事故的发生。

通电时先接通三相交流电源，合上电源开关 QS。闭合电源开关 QS；按下 SB_2，电动机将以星形连接启动，用万用表检测每相绕组电压应为 220 V；经过时间继电器延时后，交流接触器 KM_3 失电主触点断开，交流接触器 KM_2 得电主触点闭合，电动机将以三角形连接正常运行，用万用表检测每相绕组电压应为 380 V；按下 SB_1，电动机停转；试车完毕，断开电源开关 QS。操作过程中，观察各器件动作是否灵活，有无卡阻及噪声过大等现象，电动机运行有无异常。发现问题，应立即切断电源进行检查。

9. 时间继电器自动控制的 Y—△降压启动电路常见故障排除

(1)按下启动按钮 SB$_2$,电机不能启动。

分析:主要原因可能是接触器接线有误,自锁、互锁没有实现。

(2)由 Y 形接法无法正常切换到△形接法,要么不切换,要么切换时间太短。

分析:主要原因是时间继电器接线有误或时间调整不当。

(3)启动时主电路短路。

分析:主要原因是主电路接线错误。

(4)Y 启动过程正常,但△形运行时电动机发出异常声音转速也急剧下降。

分析:接触器切换动作正常,表明控制电路接线无误。问题出现在接上电动机后,从故障现象分析,很可能是电动机主回路接线有误,使电路由 Y 接转到△接时,送入电动机的电源顺序改变了,电动机由正常启动突然变成了反序电源制动,强大的反向制动电流造成了电动机转速急剧下降和异常声音。

处理故障:核查主回路接触器及电动机接线端子的接线顺序。

⊙ 经验分享 ————————————————————————————————

(1)电动机必须安放平稳,以防止在可逆运转时产生滚动而引起事故,并将其金属外壳可靠接地。进行 Y—△自动降压启动的电动机,必须是有 6 个出线端子且定子绕组在△接法时的额定电压等于 380 V。

(2)要注意电路 Y—△自动降压启动换接,电动机只能进行单向运转。

(3)要特别注意接触器的触点不能错接,否则会造成主电路短路事故。

(4)接线时,不能将接触器的辅助触点进行互换,否则会造成电路短路等事故。

⊙ 操作训练 ————————————————————————————————

电动机所带的机械负载由于惯量不同,会造成电动机启动时间不同,大多数设备是属于轻载启动,第一次启动电动机不清楚启动时间有多长,所以不可能正确设定启动时间。想一想,应该如何正确设定降压启动过程的时间?

⊙ 知识链接 ————————————————————————————————

一、 时间继电器自动控制 Y—△降压启动电路工作原理

常见的 Y—△降压启动自动控制线路如图 6-3-1 所示。图中主电路由 3 只接触器

KM_1、KM_2、KM_3 主触点的通断配合，分别将电动机的定子绕组接成 Y 或 △。当 KM_1、KM_3 线圈通电吸合时，其主触点闭合，定子绕组接成 Y；当 KM_1、KM_2 线圈通电吸合时，其主触点闭合，定子绕组接成 △。两种接线方式的切换由控制电路中的时间继电器定时自动完成。

二、 时间继电器自动控制动作过程

闭合电源开关 QS。

（1）Y 启动 △ 运行。

微课视频

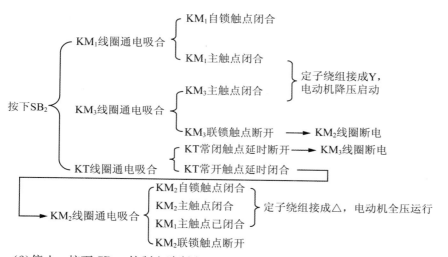

（2）停止。按下 SB_1→控制电路断电→KM_1、KM_2、KM_3 线圈断电释放→电动机 M 断电停车。

→ 思考与练习

1. 对 Y—△ 降压启动控制回路中的一对互锁触点有何作用？若取消这对触点换接启动有何影响？可能会出现什么后果？

2. 试分析时间继电器在 Y—△ 降压启动电路中的应用，并思考通电延时和断电延时时间继电器使用的区别。

3. 如果电路只出现 Y 形运转而没有 △ 形运转，试分析接线时有可能出现的故障。

→ 任务评价

经过学习之后，请填写任务质量完成评价表，见表 6-3-2。

表 6-3-2　任务完成质量评价表

项目内容	配分	评 分 标 准	得分
器材准备	5分	不清楚元器件的功能及作用(扣2分)	
		不能正确选用元器件(扣3分)	
工具、仪表的使用	5分	不会正确使用工具(扣2分)	
		不能正确使用仪表(扣3分)	
装前检查	10分	电动机质量检查(每漏一处扣2分)	
		电器元件漏检或错检(每处扣2分)	
安装元件	20分	安装不整齐、不合理(每件扣5分)	
		元件安装不紧固(每件扣4分)	
		损坏元件(每件扣15分)	
布线	30分	不按电路图接线(扣10分)	
		布线不符合要求 (主电路每根扣4分,控制电路每根扣2分)	
		损伤导线绝缘或线芯(每根扣5分)	
		接点松动、露铜过长、压绝缘层、反圈等 (每个接点扣1分)	
		漏套或错套编码套管(教师要求)(每处扣2分)	
		漏接接地线(扣10分)	
通电试车	30分	热继电器未整定或整定错(扣5分)	
		熔体规格配错(主、控电路各扣5分)	
		第一次试车不成功(扣10分) 第二次试车不成功(扣20分) 第三次试车不成功(扣30分)	
安全文明生产	10分	违反安全文明操作规程(视实际情况进行扣分)	
备注		如果未能按时完成,根据情况酌情扣分	
开始时间		结束时间	实际时间	总成绩	

项目七

电动机制动控制线路安装

➔ 学习目标

1. 了解制动控制在实际工程中的意义及常用制动控制方式，掌握常用制动控制的实现方法。

2. 读懂电动机制动控制线路电气原理图，掌握制动控制线路的工作原理。

3. 能根据原理图选择、检测和安装低压控制电器。

4. 能根据原理图绘制元件布置图和电气接线图并按工艺要求完成制动控制线路的连接。

5. 会正确使用万用表对电动机制动控制线路进行静态检测。

6. 养成良好的职业习惯，安全规范操作。规范使用电工工具，防止损坏工具、器件和误伤人员；线路安装完毕，未经老师允许，不得私自通电。

任务1	电磁抱闸制动控制线路安装

场景描述

异步电动机在切断电源后依惯性要转动一段时间才能停下来，但是实际生产中为缩短时间，提高生产效率和加工精度，就需要生产机械经常需要采取一些措施使电动机尽快停转或准确定位，这些都需要对拖动的电动机进行制动。例如，天车的吊钩需要准确定位，镗床主轴需要尽快停转。天车和镗床如图 7-1-1 所示。

（a）天车　　　　　　　　　　　　（b）镗床

图 7-1-1　天车和镗床

任务描述

熟练阅读电动机电磁抱闸制动控制线路电气原理图，分析其工作原理。根据原理图选择电路所需低压电器元件并检测其质量好坏；画出合理布局的平面布置图，进行器件的安装；画出安装接线图，按工艺要求，进行线路的安装；安装连接完毕后，能熟练地对电路进行静态检测；如有故障，能根据故障现象，找出故障原因并排除。

实践操作

1. 配齐所需工具、仪表和连接导线

根据线路安装的要求配齐工具(如尖嘴钳、一字螺钉旋具、十字螺钉旋具、剥线钳、试电笔等)，仪表(如万用表等)。根据控制对象选择合适的导线，主电路采用 BV1.5 mm²(红色、绿色、黄色)；控制电路采用 BV0.75 mm²(黑色)；按钮线采用 BVR0.75 mm²(红色)；接地线采用 BVR1.5 mm²(黄色、绿色)。

2. 阅读分析电气原理图

读懂电动机电磁抱闸制动控制线路电气原理图，如图 7-1-2 所示。明确线路安装所用元件及作用。并根据原理图画出布局合理的平面布置图和电气接线图。

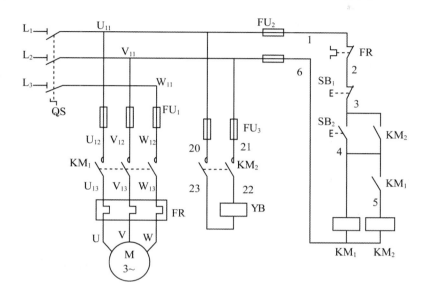

图 7-1-2 电磁抱闸制动电气原理图

3. 器件选择

根据原理图正确选择线路安装所需要的低压电器元件，并明确其型号规格、个数及用途，见表 7-1-1。

表 7-1-1 电气元件明细表

符号	名称	型号及规格	数量	用途
M	三相交流异步电动机	YS-5024W	1	
QS	转换开关	HZ10-25/3	1	三相交流电源引入
SB$_2$	启动按钮	LAY7	1	启动
SB$_1$	停止按钮	LAY7	1	停止
FU$_1$	主电路熔断器	RT18-32　5 A	3	主电路短路保护
FU$_2$	控制电路熔断器	RT18-32　1 A	2	控制电路短路保护

续表

符号	名称	型号及规格	数量	用途
KM$_1$	交流接触器	CJX2-1210	1	电动机运转
KM$_2$	交流接触器	CJX2-1210	1	制动控制接触器
FR	热继电器	JRS1-09308	1	过载保护
	导线	BV 1.5 mm^2		主电路接线
	导线	BVR 0.75 mm$^{2'}$，1.5 mm^2		控制电路接线，接地线
	电磁抱闸制动器	MZS1-6 220/380	1	制动
XT	端子排	主电路 TB-2512L	1	
XT	端子排	控制电路 TB-1512	1	

4. 低压电器检测与安装

使用万用表对所选低压电器进行检测后，根据元件布置图安装固定电器元件。安装布置图如图 7-1-3 所示。

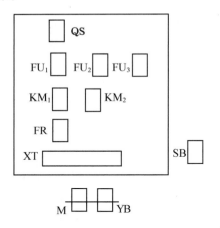

图 7-1-3　电磁抱闸制动控制线路元件布置图

5. 电磁抱闸制动控制线路连接

根据图 7-1-2 电气原理图和图 7-1-4 所示的电气接线图，完成电动机电磁抱闸控制线路的线路连接。

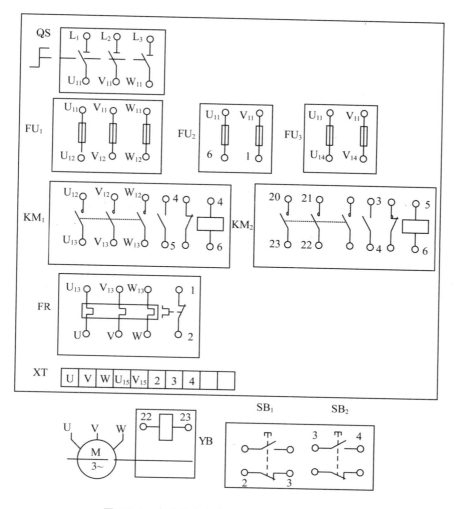

图 7-1-4　电动机电磁抱闸制动控制电路接线图

1. 主电路接线。将三相交流电三条火线分别接转换开关 QS 三个进线端上，QS 的出线端分别接 3 只熔断器 FU_1 的进线端；FU_1 的出线端分别接交流接触器 KM_1 的三对主触点进线端，KM_1 的主触点出线端与热继电器 FR 进线端相接；热继电器 FR 出线端通过端子排与电动机接线端子 U_1、V_1、W_1 相连。

(2)控制电路接线。任取转换开关 QS 两组触点，其出线端接 2 组熔断器 FU_2 和 FU_3 的进线端。

1 点：FU_2 中的一个熔断器的出线端与热继电器 FR 常闭触点进线端相连。

2 点：热继电器 FR 常闭触点出线端通过端子排与按钮 SB_1 的常闭触点的进线端

相连。

3 点：在按钮内将 SB_1 常闭触点出线端与 SB_2 常开触点的进线端相连后，通过端子排与交流接触器 KM_2 常开辅助触点的进线端相连。

4 点：SB_2 常开触点的出线端通过端子排与 KM_1 常开辅助触点的进线端、KM_2 常开辅助触点的出线端及 KM_1 线圈的进线端相连。

5 点：KM_1 常开辅助触点的出线端与 KM_2 线圈的进线端相连。

6 点：FU_2 中的另一熔断器出线端与 KM_1、KM_2 的线圈的出线端相连。

20 和 21 点：两只熔断器 FU_3 的出线端分别接到 KM_2 的两个主触点的进线端。

22 点：KM_2 的一个主触点出线端接电磁抱闸线圈的出线端。

23 点：KM_2 的另一个主触点出线端接电磁抱闸线圈的进线端。

6．安装电动机

(1)完成电源、电动机(按要求接成 Y 或△)和电动机保护接地线等控制面板外部的线路连接。

(2)安装电磁抱闸制动器。

7．静态检测

根据原理图或电气接线图从电源端开始，逐点核对接线及接线端子处连接是否正确，有无漏接、错接之处。检查导线接点是否符合要求，压接是否牢固。

(1)主电路检测。接线完毕，反复检查确认无误后，在不接通电源的状态下对主电路进行检查。按下 KM_1 主触点，万用表置于电阻档，若测得各相电阻基本相等且近似为"0"；而放开 KM_1 主触点，测得各相电阻为"∞"，则接线正确。

(2)控制电路检测。选择万用表的 R×1 档，将红、黑表笔对接调零，将万用表的红、黑表笔分别置于图 7-1-1 中 1 和 6 的位置。断开主电路，按下启动按钮 SB_2，万用表读数为接触器 KM_1 线圈的直流电阻值(如 CJX2 线圈直流电阻约为 15 Ω)，松开 SB_2，万用表读数为"∞"；按下 KM_1 和 KM_2 触点架，使其自锁触点闭合，万用表读数为接触器 KM_1 和 KM_2 线圈的并联电阻值，则接线正确。

8．通电试车

通电试车必须在指导教师现场监护下严格按安全规程的有关规定操作，防止安全事故的发生。

通电时先接通三相交流电源，合上转换开关 QS。按下 SB₂，电动机运转。按下 SB₁，电动机迅速停止运转。操作过程中，观察各器件动作是否灵活，有无卡阻及噪声过大等现象，电动机运行有无异常，如发现问题，应立即切断电源进行检查。

9. 常见故障分析

(1)按下启动按钮，电动机发出"嗡嗡"的响声，但是启动不起来。

分析：故障原因可能是电磁抱闸的闸瓦没有松开，检查交流接触器 KM₁ 的常开辅助触点连接是否正确。

(2)按下启动按钮电动机运转，松开启动按钮电动机停止。

故障分析：可能是交流接触器 KM₂ 的常开辅助触点连接有误。

➔ 操作训练 ────────────────────────●

分析图 7-1-5 所示的电磁抱闸制动控制线路工作过程，并选择器件进行安装。

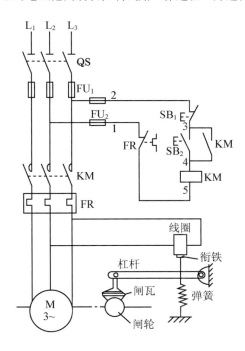

图 7-1-5 电磁抱闸制动控制线路

→ 知识链接 ─────────────────────────────●

一、 制动定义及分类

三相笼型异步电动机切断电源后，由于惯性，总要经过一段时间才能完全停止。为缩短时间，提高生产效率和加工精度，要求生产机械能迅速准确地停车。采取一定措施使三相笼型异步电动机在切断电源后迅速准确地停车的过程，称为三相笼型异步电动机制动。

三相笼型异步电动机的制动方法分为机械制动和电气制动两大类。

在切断电源后，利用机械装置使三相笼型异步电动机迅速准确地停车的制动方法称为机械制动，应用较普遍的机械制动装置有电磁抱闸和电磁离合器两种。在切断电源后，产生和电动机实际旋转方向相反的电磁转矩(制动转矩)，使三相笼型异步电动机迅速准确地停车的制动方法称为电气制动。常用的电气制动方法有反接制动、能耗制动和发电反馈制动等。

二、 机械制动

机械制动是用电磁铁操纵机械机构进行制动(电磁抱闸制动、电磁离合器制动等)。

1. 电磁抱闸制动器

电磁抱闸是应用普遍的制动装置，它具有较大的制动力，能准确、及时地使被制动的对象停止运动，而被广泛用于各种机械中。

电磁抱闸制动器的主要工作部分是电磁铁和闸瓦制动器，它的基本结构如图 7-1-6 所示。

电磁抱闸的闸瓦是借助弹簧的弹力"抱住"闸轮制动，如果弹簧选用拉簧，则闸瓦平时处于"松开"状态；如果选用压簧，则闸瓦平时处于"抱紧"状态。原始状态不同，相应的控制电路就不同，但都是闸瓦松开电动机运转，闸瓦抱紧电动机制动停止。

2. 闸瓦平时处于"抱紧"状态

如图 7-1-2 所示，电磁抱闸制动控制电路的闸瓦平时处于抱紧状态，此类常闭型制动器在电源中断或电路故障时总能处在制动状态，特别适用于吊车、卷扬机等升降类机械，可以防止发生电路断电或电气故障时重物自行下落造成设备及人身事故。

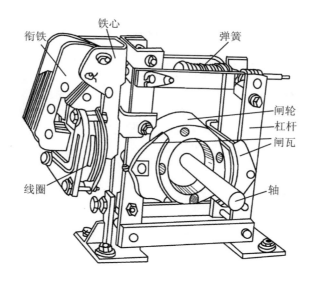

图 7-1-6 电磁抱闸结构示意图

进行工作过程分析。

（1）启动。

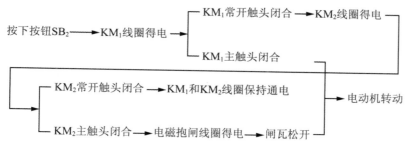

2. 制动停止。

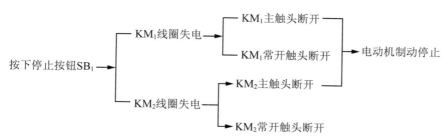

3. 闸瓦平时处于"松开"状态

像机床一类经常需要调整加工工件位置的生产设备往往采用闸瓦平时处于"松开"状态的制动器。主电路同图 7-1-2，控制电路如图 7-1-7 所示。

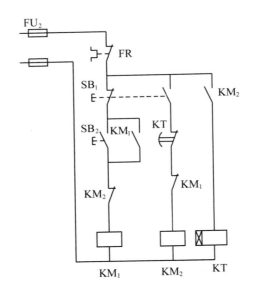

图 7-1-7 闸瓦平时处于"松开"状态

→ 思考与练习

一、填空题

1. 三相笼型异步电动机的制动方法分为电磁机械制动和_____两大类，其中应用较普遍的机械制动装置有_____和_____两种。

2. 电磁抱闸制动方式分为闸瓦平时抱紧和_____两种状态，其中闸瓦平时抱紧的制动状态主要用在_____。

二、 简答题

1. 简述制动的定义和分类。

2. 简述采用需要制动方式停止电动机的情况。

三、 分析题

试分析如图 7-1-7 所示闸瓦平时"松开"的制动控制电路工作过程。

→ 任务评价

经过学习之后，请填写任务完成质量评价表，见表 7-1-2。

表 7-1-2　任务完成质量评价表

项目内容	配分	评　分　标　准	得分
器材准备	5 分	不清楚元器件的功能及作用(扣 2 分)	
		不能正确选用元器件(扣 3 分)	
工具、仪表的使用	5 分	不会正确使用工具(扣 2 分)	
		不能正确使用仪表(扣 3 分)	
装前检查	10 分	电动机质量检查(每漏一处扣 2 分)	
		电器元件漏检或错检(每处扣 2 分)	
安装元件	20 分	安装不整齐、不合理(每件扣 5 分)	
		元件安装不紧固(每件扣 4 分)	
		损坏元件(每件扣 15 分)	
布线	30 分	不按电路图接线(扣 10 分)	
		布线不符合要求 (主电路每根扣 4 分,控制电路每根扣 2 分)	
		损伤导线绝缘或线芯(每根扣 5 分)	
		接点松动、露铜过长、压绝缘层、反圈等 (每个接点扣 1 分)	
		漏套或错套编码套管(教师要求)(每处扣 2 分)	
		漏接接地线(扣 10 分)	
通电试车	30 分	热继电器未整定或整定错(扣 5 分)	
		熔体规格配错(主、控电路各扣 5 分)	
		第一次试车不成功(扣 10 分) 第二次试车不成功(扣 20 分) 第三次试车不成功(扣 30 分)	
安全文明生产	10 分	违反安全文明操作规程(视实际情况进行扣分)	
备注		如果未能按时完成,根据情况酌情扣分	
开始时间		结束时间		实际 时间		总成绩	

任务 2　速度继电器控制的反接制动线路安装

任务描述

熟练阅读速度继电器控制的反接制动控制电路电气原理图,分析其工作原理。根据原理图选择电路所需低压电器元件并检测其质量好坏;画出合理布局的平面布置图,进行器件的安装;画出安装接线图,按工艺要求,进行线路的安装;安装连接完毕后,能熟练地对电路进行静态检测;如有故障,能根据故障现象,找出故障原因并排除。

实践操作

1. 配齐所需工具、仪表和连接导线

根据线路安装的要求配齐工具(如尖嘴钳、一字螺钉旋具、十字螺钉旋具、剥线钳、试电笔等),仪表(如万用表等)。根据控制对象选择合适的导线,主电路采用 BV1.5 mm²(红色、绿色、黄色);控制电路采用 BV0.75 mm²(黑色);按钮线采用 BVR0.75 mm²(红色);接地线采用 BVR1.5 mm²(黄色、绿色)。

2. 阅读分析电气原理图

读懂速度继电器控制的反接制动控制电气原理图,如图 7-2-1 所示。明确线路安装所用元件及作用。根据原理图画出布局合理的平面布置图和电气接线图。

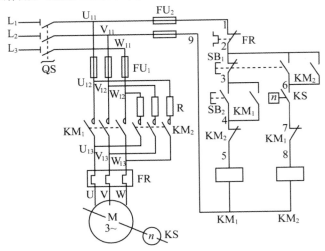

图 7-2-1　速度继电器控制反接制动电气原理图

3. 器件选择

根据原理图正确选择线路安装所需要的低压电器元件，并明确其型号规格、个数及用途，见表 7-2-1。

表 7-2-1　电气元件明细表

符号	名称	型号及规格	数量	用途
M	交流电动机	YS-5024W	1	
QS	组合开关	HZ10-25/3	1	三相交流电源引入
SB$_1$	停止按钮	LAY7	1	停止
SB$_2$	启动按钮	LAY7	1	启动
FU$_1$	主电路熔断器	RT18-32　5 A	3	主电路短路保护
FU$_2$	控制电路熔断器	RT18-32　1 A	2	控制电路短路保护
KM$_1$	交流接触器	CJX2-1210	1	控制 M 正转
KM$_2$	交流接触器	CJX2-1210	1	控制 M 反转制动
FR	热继电器	JRS1-09308	1	M 过载保护
KS	速度继电器	JY1	1	制动
R	电阻器	ZX2-2/0.7	3	限制制动电流
	导线	BV 1.5 mm^2		主电路接线
	导线	BVR 0.75 mm^2，1.5 mm^2		控制电路接线，接地线
XT	端子排	主电路 TB-2512L	1	
XT	端子排	控制电路 TB-1512	1	

4. 器件检测与安装

使用万用表对所选低压电器进行检测后，根据元件布置图安装固定电器元件。安装布置图如图 7-2-2 所示。

5. 速度继电器控制的反接制动控制线路连接

根据电气原理图 7-2-1 和电气接线图 7-2-3，完成速度继电器控制的反接制动控制线路连接。

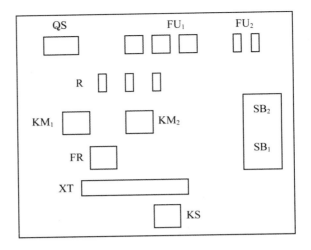

图 7-2-2　速度继电器控制反接制动元件布置图

(1)主电路接线。将三相交流电源的三根火线接在转换开关 QS 的三个进线端上，QS 的出线端分别接在 3 只熔断器 FU$_1$ 的进线端，FU$_1$ 的出线端分别接在交流接触器 KM$_1$ 三对主触点的进线端和三个制动电阻 R 的进线端(注意 KM$_1$ 和 KM$_2$ 换相)，三个制动电阻的出线端分别与 KM$_2$ 的三对主触点进线端相连，KM$_1$ 与 KM$_2$ 主触点出线端相连后再与热继电器 FR 热元件进线端相接，热继电器 FR 热元件出线端通过端子排与电动机接线端子 U$_1$、V$_1$、W$_1$ 相连。

(2)控制电路接线。取组合开关的两组触点，其出线端接控制电路熔断器 FU$_2$ 的进线端。

1 点：其中一个熔断器 FU$_2$ 的出线端与热继电器 FR 常闭触点进线端相连。

2 点：按钮 SB$_1$ 的常开触点和常闭触点的进线端相连后，通过端子排与热继电器 FR 常闭触点出线端和 KM$_2$ 常开辅助触点的进线端相连。

3 点：按钮 SB$_1$ 常闭触点出线端与 SB$_2$ 常开触点的进线端相连后，通过端子排与交流接触器 KM$_1$ 常开辅助触点的进线端相连。

4 点：SB$_2$ 常开触点的出线端通过端子排与 KM$_1$ 常开辅助触点的出线端和 KM$_2$ 常闭辅助触点的进线端相连。

5 点：KM$_2$ 常闭辅助触点的出线端与 KM$_1$ 线圈的进线端相连。

6 点：SB$_1$ 常开触点的出线端和速度继电器 KS 常开触点的进线端连接后，再通过端子排与 KM$_2$ 常开辅助触点的出线端相连。

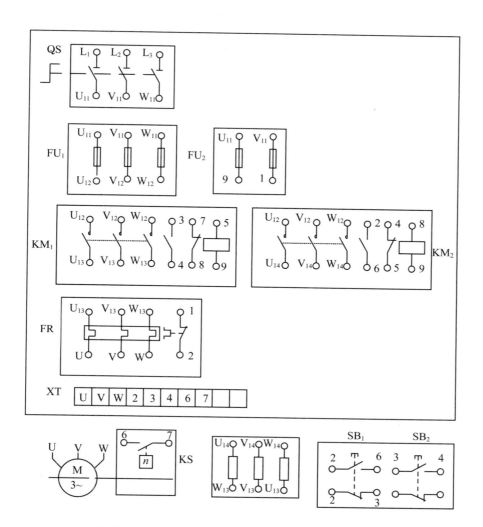

图 7-2-3　速度继电器控制的反接制动控制电路接线图

7 点：KS 常开触点的出线端通过端子排与 KM_1 常闭触点的进线端相连。

8 点：KM_1 常闭触点的出线端与 KM_2 线圈的进线端相连。

9 点：另一个熔断器 FU_2 的出线端与 KM_1 和 KM_2 线圈的出线端相连。

6．安装电动机

(1)完成电源、电动机(按要求接成 Y 或△)和电动机保护接地线等控制面板外部的线路连接。

(2)完成速度继电器与电动机的连接。

7. 静态检测

(1)根据原理图和电气接线图从电源端开始，逐点核对接线及接线端子处连接是否正确，有无漏接、错接之处。检查导线接点是否符合要求，压接是否牢固。

(2)对主电路和控制电路进行通断检测。

①主电路检测。接线完毕，反复检查确认无误后，先强行按下 KM_1 的主触点，用万用表测得各相电阻应基本相等，则电路通；松开 KM_1 主触点，强行闭合 KM_2 的主触点，用万用表测得各相电阻值近似等于限流电阻的电阻值，则接线正确。

②控制电路检测。选择万用表的 R×1 档，将万用表的红、黑表笔分别放在图 7-2-1 中 1 和 9 位置检测。

启动检测：断开主电路，按下启动按钮 SB_2，万用表读数应为接触器 KM_1 线圈的直流电阻值(如 CJX2 线圈直流电阻约为 15 Ω)，松开 SB_2，万用表读数为"∞"。松开启动按钮 SB_2，按下 KM_1 触点架，使其自锁触点闭合，万用表读数应为接触器 KM_1 线圈的直流电阻值。

制动停止检测：按下停止按钮 SB_1 或强行闭合 KM_2 常开辅助触点并使速度继电器常开触点闭合，万用表读数应为交流接触器 KM_2 线圈的直流电阻值，松开 SB_1 或 KM_2 常开辅助触点或使速度继电器常开触点断开，万用表读数为"∞"。

8. 通电试车

通电试车必须在指导教师现场监护下，严格按安全规程的有关规定操作，防止安全事故的发生。

通电时，先接通三相交流电源，合上转换开关 QS。按下 SB_2，电动机运转。按下 SB_1，电动机迅速停止运转。操作过程中，观察各器件动作是否灵活，有无卡阻及噪声过大等现象，电动机运行有无异常。发现问题，应立即切断电源进行检查。

9. 速度原则反接制动常见故障分析

(1)按下启动按钮，电动机只能实现点动控制。

分析：可能原因是接触器 KM_1 的常开辅助触点连接有误。

(2)按下停止按钮后，没有起到制动的效果。

分析：故障原因可能是接触器 KM_2 的常开触点连接有误而不能起到保持作用或者是速度继电器的常开触点连接有误。

➔ 知识窗

　　反接制动的设备简单，制动力矩较大，但冲击强烈，准确度不高。适用于要求制动迅速，制动不频繁(如各种机床的主轴制动)的场合。容量较大(4.5 kW 以上)的电动机采用反接制动时，须在主回路中串联限流电阻。但是，由于反接制动时，振动和冲击力较大，影响机床的精度，所以使用时受到一定限制。

➔ 经验分享

　　(1)两接触器用于联锁的常闭触点不能接错，否则会导致电路不能正常工作，甚至有短路隐患。

　　(2)速度继电器的安装要求规范，正反向触点安装方向不能错，且在反向制动结束后，当转速下降接近于零时，应及时切断反向电源，避免电动机反向旋转。

　　(3)在主电路中要接入制动电阻来限制制动电流。

➔ 操作训练

　　安装连接如图 7-2-4 所示，并分析速度原则反接制动和时间原则反接制动的优缺点。

➔ 知识链接

　　反接制动，以改变电动机定子绕组的电源相序，定子绕组产生反向的旋转磁场，从而使转子受到与原旋转方向相反的制动转矩，利用产生的这个和电动机实际旋转方向相反的电磁转矩(制动转矩)，使三相笼型异步电动机迅速准确地停车的制动方式。反接制动的关键是电动机电源相序的改变，且当转速下降接近于零时，能自动将反向电源切除，防止反向再启动。

　　反接制动控制电路分为时间原则控制线路和速度原则控制线路。由于时间原则控制线路在制动过程的时间设定上存在一定缺陷，时间设定过长，电动机会反转；设定时间过短，起不到制动效果。所以在实际反接制动中，为了较准确地实现制动效果，通常采用速度原则的反接制动。

微课视频

1. 速度原则反接制动

速度原则反接制动采用速度继电器控制制动过程，电气原理图如图 7-2-1 所示。

控制过程分析如下：

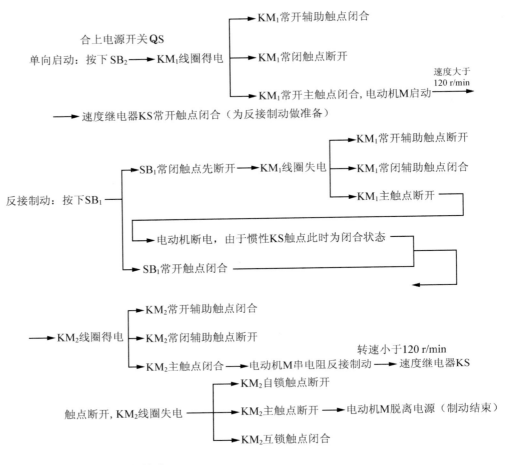

2. 时间原则反接制动

时间原则反接制动采用时间继电器代替速度继电器控制制动过程，电气原理图如图 7-2-4 所示。

→) 思考与练习 ────────────────────────●

一、填空题

1. 电气制动是在停止时产生和电动机实际旋转方向相反的_____，使三相笼型异步电动机迅速准确地停车的制动方法。常用的电气制动方法有_____、_____和_____等。

2. 改变电动机定子绕组的_____，定子绕组产生反向的旋转磁场，实现反接制动。反接制动的关键是当转速下降接近于零时，能自动将_____切除，防止电动机_____。

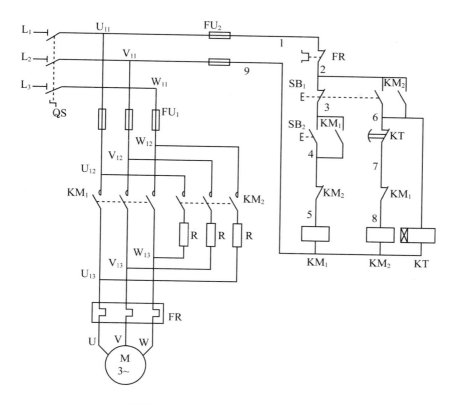

图 7-2-4　时间原则反接制动电气原理图

二、简答题

1. 试分析图 7-2-4 所示时间原则反接制动控制电路的工作过程。

2. 总结分析反接制动电路的注意事项。

→ 任务评价

经过学习之后，请填写任务完成质量评价表，见表 7-2-2。

表 7-2-2　任务完成质量评价表

项目内容	配分	评　分　标　准	得分
器材准备	5分	不清楚元器件的功能及作用（扣2分）	
		不能正确选用元器件（扣3分）	
工具、仪表的使用	5分	不会正确使用工具（扣2分）	
		不能正确使用仪表（扣3分）	

项目内容	配分	评 分 标 准	得分
装前检查	10分	电动机质量检查(每漏一处扣2分)	
		电器元件漏检或错检(每处扣2分)	
安装元件	20分	安装不整齐、不合理(每件扣5分)	
		元件安装不紧固(每件扣4分)	
		损坏元件(每件扣15分)	
布线	30分	不按电路图接线(扣10分)	
		布线不符合要求 (主电路每根扣4分,控制电路每根扣2分)	
		损伤导线绝缘或线芯(每根扣5分)	
		接点松动、露铜过长、压绝缘层、反圈等 (每个接点扣1分)	
		漏套或错套编码套管(教师要求)(每处扣2分)	
		漏接接地线(扣10分)	
通电试车	30分	热继电器未整定或整定错(扣5分)	
		熔体规格配错(主、控电路各扣5分)	
		第一次试车不成功(扣10分) 第二次试车不成功(扣20分) 第三次试车不成功(扣30分)	
安全文明生产	10分	违反安全文明操作规程(视实际情况进行扣分)	
备注	如果未能按时完成,根据情况酌情扣分		
开始时间	结束时间	实际 时间	总成绩	

任务3 电动机能耗制动控制线路安装

⊙ 任务描述

熟练阅读电动机有变压器单相桥式整流单向启动能耗制动控制线路电气原理图,分析其工作原理。根据原理图选择电路所需低压电器元件并检测其质量好坏;画出合理布局的平面布置图，进行器件的安装；画出安装接线图，按工艺要求，进行线路的安装；安装连接完毕后，能熟练地对电路进行静态检测；如有故障，能根据故障现象，找出故障原因并排除。

→ 实践操作

1. 配齐所需工具、仪表和连接导线

根据线路安装的要求配齐工具（如尖嘴钳、一字螺钉旋具、十字螺钉旋具、剥线钳、试电笔等）、仪表（如万用表等）。根据控制对象选择合适的导线，主电路采用 BV1.5 mm²（红色、绿色、黄色）；控制电路采用 BV0.75 mm²（黑色）；按钮线采用 BVR0.75 mm²（红色）；接地线采用 BVR1.5 mm²（黄绿双色）。

2. 阅读分析电气原理图

读懂电动机有变压器单相桥式整流单向启动能耗制动控制线路电气原理图，如图 7-3-1 所示。明确线路安装所用元件及作用，并根据原理图画出布局合理的平面布置图和电气接线图。

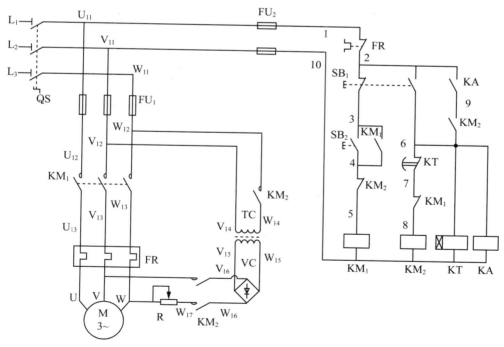

图 7-3-1 有变压器单相桥式整流单向启动能耗制动电气原理图

3. 器件选择

根据原理图正确选择线路安装所需要的低压电器元件，并明确其型号规格、个数及用途，见表 7-3-1。

表 7-3-1 电气元件明细表

符号	名称	型号及规格	数量	用途
M	交流电动机	YS-5024W	1	
QS	组合开关	HZ10-25/3	1	三相交流电源引入
SB_1	停止按钮	LAY7	1	停止
SB_2	正转按钮	LAY7	1	正转
KT	时间继电器	ST6P-z	1	制动过程控制
FU_1	主电路熔断器	RT18-32　5 A	3	主电路短路保护
FU_2	控制电路熔断器	RT18-32　1 A	2	控制电路短路保护
KM_1	交流接触器	CJX2-1210	1	控制 M 正转
KM_2	交流接触器	CJX2-1210	1	控制 M 反转
FR	热继电器	JRS1-09308	1	M 过载保护
TC	变压器	BK-100	1	将 380 V 电源变为整流桥使用电源
VC	整流桥	MB1S	1	将交流电变为制动用直流电源
R	滑线变阻器	BX7-16	1	调整制动电流
	导线	BV 1.5 mm²		主电路接线
	导线	BVR 0.75 mm²，1.5 mm²		控制电路接线，接地线
XT	端子排	主电路 TB-2512L	1	
XT	端子排	控制电路 TB-1512	1	

4. 器件检测与安装

使用万用表对所选低压电器进行检测后，根据元件布置图安装固定电器元件。安装布置图如图 7-3-2 所示。

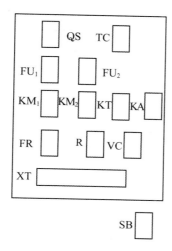

图 7-3-2 有变压器单相桥式整流单向启动能耗制动控制线路元件布置图

5. 有变压器单相桥式整流单向启动能耗制动控制线路连接

根据电气原理图和图 7-3-3 所示的电气接线图，完成电动机有变压器单相桥式整流单向启动能耗制动控制线路的线路连接。

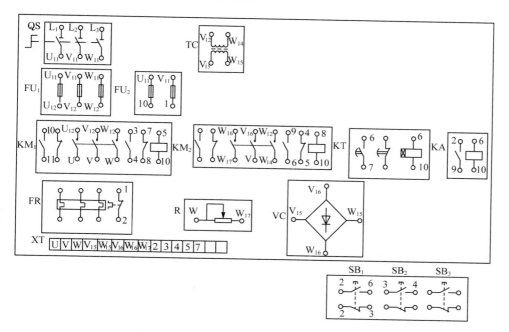

图 7-3-3 有变压器单相桥式整流单向启动能耗制动电气接线图

(1)主电路接线。将三相交流电源的三条火线接在转换开关 QS 的三个进线端上，QS 的出线端分别接在 3 只熔断器 FU_1 的进线端；FU_1 的出线端分别接在交流接触器 KM_1 的三对主触点的进线端，KM_1 的主触点出线端与热继电器 FR 热元件进线端相连；变压器一次侧一端接在 V_{12} 上，另一端接 KM_2 主触点并通过 KM_2 主触点接 W_{12}，二次侧与整流桥相连；整流桥的另两个端子接 KM_2 的常开触点，一个通过 KM_2 常开触点接到 V 相，另一个通过 KM_2 常开触点接制动电阻再接到 W 相；热继电器 FR 热元件出线端通过端子排与电动机接线端子 U_1、V_1、W_1 相连。

(2)控制电路接线。取转换开关的 U_{11} 和 W_{11} 两个出线端接在控制电路熔断器 FU_2 的进线端。

1 点：其中一个熔断器 FU_2 的出线端与热继电器 FR 常闭触点进线端相连。

2 点：按钮 SB_1 的常开触点和常闭触点的进线端在按钮内部连接后，通过端子排与热继电器 FR 常闭触点出线端与中间继电器 KA 的常开触点的进线端相连。

3 点：按钮 SB_1 常闭触点出线端与 SB_2 常开触点的进线端相连后，通过端子排与 KM_1 常开辅助触点的进线端相连。

4 点：KM_1 常开辅助触点的出线端和 KM_2 常闭辅助触点的进线端相连后，通过端子排与 SB_2 常开触点的出线端相连。

5 点：KM_2 常闭辅助触点的出线端与 KM_1 线圈的进线端相连。

6 点：SB_1 常开触点的出线端通过端子排与 KM_2 常开辅助触点的出线端、KT 延时断开常闭触点进线端、KT 线圈和 KA 线圈的进线端相连。

7 点：KT 延时断开常闭触点出线端与 KM_1 常闭辅助触点的进线端相连。

8 点：KM_1 常闭辅助触点的出线端与 KM_2 线圈的进线端相连。

9 点：中间继电器 KA 常开触点的出线端与 KM_2 常开辅助触点的进线端相连。

10 点：另一个熔断器 FU_2 的出线端与 KM_1、KM_2、KT、KA 的线圈的出线端相连。

6．安装电动机

完成电源、电动机(按要求接成 Y 形或△形)和电动机保护接地线等控制面板外部的线路连接。

7．静态检测

(1)根据原理图和电气接线图从电源端开始，逐点核对接线及接线端子处连接是否正确，有无漏接、错接之处。检查导线接点是否符合要求，压接是否牢固。

（2）对主电路和控制电路进行通断检测。

①主电路检测。接线完毕，在不接通电源的状态下，先强行按下 KM_1 的主触点，用万用表测得各相电阻值应为"0"；松开 KM_1 主触点，强行闭合 KM_2 的主触点，用万用表检查 V_{12}、W_{12} 之间电阻应为变压器一次测线圈电阻；V_{16} 和 V 之间电阻值应为"0"；W_{16} 和 W 之间阻值应为制动电阻的电阻值，则接线正确。

②控制电路检测。选择万用表的 $R×1$ 档，将红、黑表笔对接调零，红、黑表笔分别置于图 7-3-1 中 1 和 10 位置上进行检测。

启动检测：断开主电路，按下启动按钮 SB_2，万用表读数为接触器 KM_1 线圈的直流电阻值（如 CJX2 线圈直流电阻约为 15 Ω），松开 SB_2，万用表读数为"∞"；按下 KM_1 触点架，使其自锁触点闭合，万用表读数为接触器 KM_1 线圈的直流电阻值，则接线正确。

停止制动检测：按下 SB_1 不动，万用表读数为交流接触器 KM_2 线圈、中间继电器 KA 线圈和时间继电器 KT 线圈电阻并联值；强行使 KT 延时断开的常闭触点断开，万用表读数应为 KA 线圈和 KT 线圈电阻的并联值；松开 SB_1，万用表读数为"∞"，则接线正确。

8．通电试车

通电试车必须在指导教师现场监护下严格按安全规程的有关规定操作，防止安全事故的发生。

通电时先接通三相交流电源，合上转换开关 QS。按下 SB_2，电动机运转。按下 SB_1，电动机迅速停止运转。操作过程中，观察各器件动作是否灵活，有无卡阻及噪声过大等现象，电动机运行有无异常。发现问题，应立即切断电源进行检查。

9．有变压器单相桥式整流单向启动能耗制动常见故障分析

（1）按下启动按钮电动机只能实现点动控制。

分析：检查接触器 KM_1 的自锁常开辅助触点连接是否正确。

（2）按下停止按钮没有制动控制过程。

分析：故障原因可能是交流接触器 KM_2 的常开辅助触点或中间继电器 KA 的常开触点连接有误。

⊕ 知识窗

能耗制动主电路中的 R 用于调节制动电流的大小，制动作用的强弱与通入的制动电流和电动机的转速有关。在相同转速下，制动电流越大，制动作用越强，一般制动电流为电动机空载电流的 3～4 倍。能耗制动结束，应及时切除直流电源。防止 KT 出故障时其通电延时常闭触点无法断开，致使 KM$_2$ 不能失电而导致电动机定子绕组长期通入直流电。KM$_2$ 常开触点上方应串接 KT 瞬动常开触点。

与反接制动相比，能耗制动的优点是能耗小、制动电流小、制动准确度较高，制动过程平衡，无冲击；缺点是需直流电源整流装置，设备费用高，制动力较弱，制动转矩与转速成比例减小。能耗制动适用于电动机能量较大，要求制动平稳、制动频繁以及停位准确的场合。能耗制动是应用很广泛的一种电气制动方法，常用在铣床、龙门刨床及组合机床的主轴定位等。

⊕ 操作训练

改变主电路中的电阻阻值，观察制动效果是否有明显变化并分析原因。

⊕ 知识链接

一、 能耗制动定义

能耗制动是在三相笼型异步电动机脱离三相交流电源后，在定子绕组上加一个直流电源，使定子绕组产生一个静止的磁场，当电动机在惯性作用下继续旋转时会产生感应电流，该感应电流与静止磁场相互作用产生一个与电动机旋转方向相反的电磁转矩(制动转矩)，使电动机迅速停转。由于这种方法是消耗转子的动能来制动的，所以称为能耗制动。

二、 能耗制动控制形式

能耗制动的控制形式比较多，根据制动过程控制有时间原则控制线路和速度原则控制线路。

1. 时间原则控制线路

(1)按时间原则单向能耗制动控制线路电气原理图，如图 7-3-4 所示。

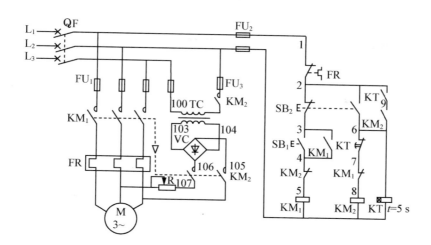

图 7-3-4　时间原则能耗制动控制线路电气原理图

工作过程如下：

先合上电源开关 QF。

①启动过程。

②制动停车过程。

（2）按时间原则双向能耗制动控制线路电气原理图，如图 7-3-5 所示。

2．速度原则控制线路

用速度继电器代替时间继电器，当电动机切断交流电源后，由于惯性仍以较高的转速运转，速度继电器的常开触点仍闭合使制动接触器得电。速度降到一定值，速度继电器常开触点断开，制动接触器失电，制动过程结束，电动机自动停止。

按速度原则控制的双向能耗制动线路电气原理图，如图 7-3-6 所示。

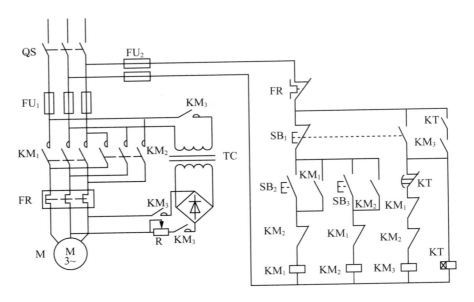

图 7-3-5　时间原则双向能耗制动控制线路电气原理图

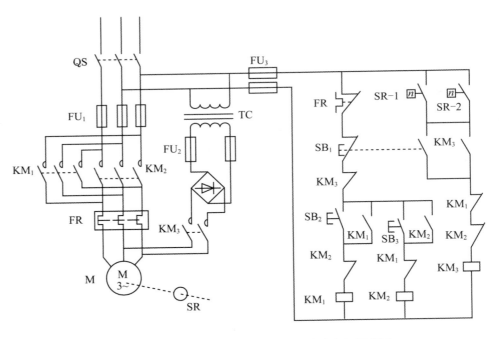

图 7-3-6　速度原则双向能耗制动控制线路电气原理图

→ 思考与练习

一、填空题

1. 能耗制动是在三相笼型异步电动机脱离三相交流电源后，在定子绕组上加一个_____，使定子绕组产生一个_____，当电动机在惯性作用下继续旋转时会产生感应电流，该感应电流与静止磁场相互作用产生一个与电动机旋转方向相反的_____，使电动机迅速停转。

2. 能耗制动作用的强弱与同入的_____和_____有关，同时由于能耗制动的能耗小，制动电流小，制动准确度较高，制动转矩平滑，因此较适用于电动机能量较大、_____、制动频繁以及_____的场合。

二、简答题

能耗制动作用的强弱与哪几个量有关？为什么？

三、工作过程分析

请自行分析图 7-3-5 和图 7-3-6 所示的能耗制动线路的工作过程。

→ 任务评价

经过学习之后，请填写任务完成质量评价表，见表 7-3-2。

表 7-3-2 任务完成质量评价表

项目内容	配分	评 分 标 准	得分
器材准备	5 分	不清楚元器件的功能及作用(扣 2 分)	
		不能正确选用元器件(扣 3 分)	
工具、仪表的使用	5 分	不会正确使用工具(扣 2 分)	
		不能正确使用仪表(扣 3 分)	
装前检查	10 分	电动机质量检查(每漏一处扣 2 分)	
		电器元件漏检或错检(每处扣 2 分)	
安装元件	20 分	安装不整齐、不合理(每件扣 5 分)	
		元件安装不紧固(每件扣 4 分)	
		损坏元件(每件扣 15 分)	

续表

项目内容	配分	评 分 标 准	得分
布线	30分	不按电路图接线(扣10分)	
		布线不符合要求 (主电路每根扣4分,控制电路每根扣2分)	
		损伤导线绝缘或线芯(每根扣5分)	
		接点松动、露铜过长、压绝缘层、反圈等 (每个接点扣1分)	
		漏套或错套编码套管(教师要求)(每处扣2分)	
		漏接接地线(扣10分)	
通电试车	30分	热继电器未整定或整定错(扣5分)	
		熔体规格配错(主、控电路各扣5分)	
		第一次试车不成功(扣10分)	
		第二次试车不成功(扣20分)	
		第三次试车不成功(扣30分)	
安全文明生产	10分	违反安全文明操作规程(视实际情况扣5~40分)	
备注		如果未能按时完成,根据情况酌情扣分	
开始时间		结束时间		实际时间		总成绩		

项目八

双速电动机变速控制线路安装

⊕ 学习目标

1. 了解双速电机的结构、工作原理和调速方法。

2. 读懂双速电动机控制线路电气原理图，掌握双速异步电动机变速控制的工作原理。

3. 能根据原理图选择、检测和安装低压控制电器。

4. 能根据电气原理图绘制电器元件布置图和电气接线图并按工艺要求完成控制线路的连接。

5. 会正确使用万用表对连接完毕的控制线路进行静态检测。

6. 养成良好的职业习惯，安全规范操作。规范使用电工工具，防止损坏工具、器件和误伤人员；线路安装完毕，未经教师允许，不得私自通电。

任务 1　接触器控制双速电动机线路安装

➔ 场景描述

　　各行各业都会用到双速电动机,如拥有地下商场,地下车库的建筑的通风、排烟风机(低速用于排除汽车尾气,高速拥有火灾排烟),生活用水加压(加压和恒压时拖动泵的电动机需要不同的转速),某些需要的鼓风机(加温和恒温需要不同的送风量)以及机械加工时主轴的转速(T68 镗床的主轴变速)等。刮板机、循环水处理系统、鼓风机及 T68 镗床如图 8-1-1 所示。

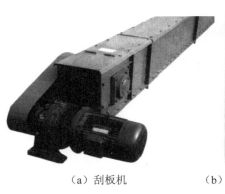
（a）刮板机

（b）循环水处理系统（用于拖动水泵）

（c）鼓风机

（d）T68镗床

图 8-1-1　双速电动机变速控制应用实例

➔ 任务描述

　　熟练阅读接触器控制双速电动机控制线路电气原理图,分析其工作原理。根据原理图选择电路所需低压电器元件并检测其质量好坏;画出合理布局的平面布置图,进行器件的安装;画出安装接线图,按工艺要求,进行线路的安装;安装连接完毕后,能熟练地对电路进行静态检测；如有故障，能根据故障现象，找出故障原因并排除。

➔ 实践操作 ——————————————————————————

1. 配齐所需工具、仪表和连接导线

根据线路安装的要求配齐工具（如尖嘴钳、一字螺钉旋具、十字螺钉旋具、剥线钳、试电笔等），仪表（如万用表等）。根据控制对象选择合适的导线，主电路采用 BV1.5 mm²（红色、绿色、黄色）；控制电路采用 BV0.75 mm²（黑色）；按钮线采用 BVR0.75 mm²（红色）；接地线采用 BVR1.5 mm²（黄色、绿色）。

2. 阅读分析电气原理图

读懂接触器控制双速电动机控制线路电气原理图，如图 8-1-2 所示。明确线路安装所用元件及作用。并根据原理图画出布局合理的平面布置图和电气接线图。

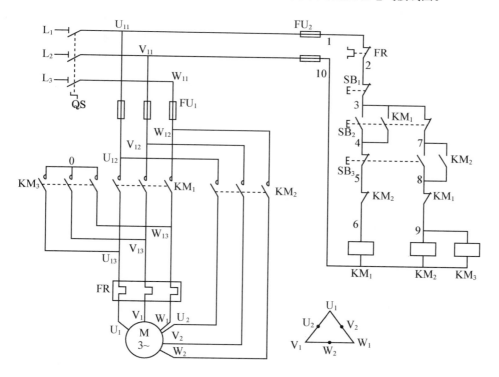

图 8-1-2　接触器控制双速电动机控制电气原理图

3. 器件选择

根据原理图正确选择线路安装所需要的低压电器元件，并明确其型号规格、个数

及用途，见表 8-1-1。

表 8-1-1　电气元件明细表

符号	名称	型号及规格	数量	用途
M	双速交流电动机	YD90L-4/2	1	
QS	组合开关	HZ10-25/3	1	三相交流电源引入
SB$_1$	停止按钮	LAY7	1	M 停止
SB$_2$	低速按钮	LAY7	1	M 低速启动
SB$_3$	高速按钮	LAY7	1	M 高速启动
FU$_1$	主电路熔断器	RT18-32　5 A	3	主电路短路保护
FU$_2$	控制电路熔断器	RT18-32　1 A	2	控制电路短路保护
KM$_1$	交流接触器	CJX2-1210	1	低速接触器
KM$_2$	交流接触器	CJX2-1210	1	高速接触器
KM$_2$	交流接触器	CJX2-1210	1	高速接触器
FR	热继电器	JRS1-09308	1	M 过载保护
	导线	BV 1.5 mm^2		主电路接线
	导线	BVR 0.75 mm^2，1.5 mm^2		控制电路接线，接地线
XT	端子排	主电路 TB-2512L	1	
XT	端子排	控制电路 TB-1512	1	

4. 器件检测与安装

使用万用表对所选低压电器进行检测后，根据元件布置图安装固定电器元件。安装布置图如图 8-1-3 所示。

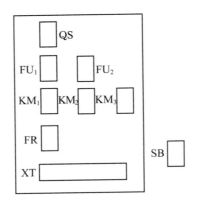

图 8-1-3　接触器控制双速电动机控制线路元件布置图

5.接触器控制双速电动机控制线路连接

根据电气原理图 8-1-1 和图 8-1-4 所示的电气接线图，完成接触器控制双速电动机控制线路的线路连接。

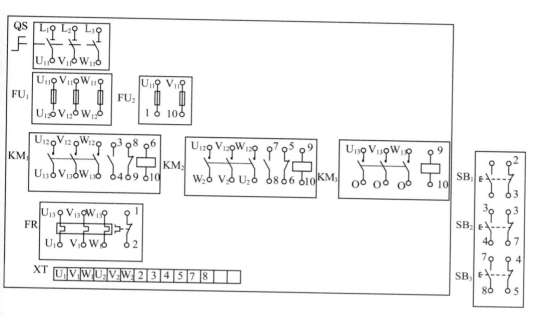

图 8-1-4　接触器控制双速电动机控制线路接线图

(1)主电路接线。将三相交流电源的三条火线接在转换开关 QS 的三个进线端上；QS 的出线端分别接在 3 只熔断器 FU_1 的进线端；FU_1 的出线端分别接在交流接触器 KM_1 和 KM_2 的三对主触点的进线端；KM_1 主触点出线端与 KM_3 主触点进线端、热继电器 FR 热元件进线端相接；FR 热元件出线端通过端子排与电动机接线端子 U_1、V_1、W_1 相连；KM_2 主触点的出线端与电动机的接线端子 U_2、V_2、W_2 连接在一起；KM_3 的三对主触点出线端用导线短接在一起。

(2)控制电路接线。取组合开关的两组触点，其出线端接控制电路熔断器 FU_2 的进线端。

1点：其中一个熔断器 FU_2 的出线端与热继电器 FR 的常闭触点进线端相连。

2点：热继电器 FR 的出线端通过端子排与按钮 SB_1 常闭触点进线端相连。

3点：按钮 SB_1 常闭触点出线端与 SB_2 的常开触点和常闭触点的进线端相连后，

通过端子排与 KM_1 常开辅助触点的进线端相连。

4 点：SB_2 常开触点的出线端与 SB_3 常闭触点的进线端相连后，通过端子排与 KM_1 常开辅助触点的出线端相连。

5 点：SB_3 常闭触点的出线端通过端子排与 KM_2 常闭辅助触点的进线端相连。

6 点：KM_2 常闭辅助触点的出线端与 KM_1 线圈的进线端相连。

7 点：SB_2 常闭触点的出线端与 SB_3 常开触点的进线端相连后，通过端子排与 KM_2 常开辅助触点的进线端相连。

8 点：KM_2 常开辅助触点的出线端和 KM_1 常闭辅助触点的进线端相连后，通过端子排与 SB_3 常开触点的出线端相连。

9 点：KM_1 常闭辅助触点的出线端与 KM_2、KM_3 线圈的进线端相连。

10 点：FU_2 的另一只熔断器出线端与 KM_1、KM_2 和 KM_3 线圈的出线端相连。

6. 连接电动机、电源等

(1)低速—△接法(4 极)。U_1、V_1、W_1 接三相电源；U_2、V_2、W_2 悬空。

(2)高速—YY 接法(2 极)。U_1、V_1、W_1 接在一起，U_2、V_2、W_2 分别接三条火线。

(3)连接电源、电动机等电器安装底板外部的导线。

注意：双速电动机接线前，要仔细阅读电动机使用说明书和电动机铭牌，严格按照厂家给定的接线方式接线。

7. 静态检测

(1)根据原理图和电气接线图从电源端开始，逐点核对接线及接线端子处连接是否正确，有无漏接、错接之处。检查导线接点是否符合要求，压接是否牢固。

(2)对主电路和控制电路进行通断检测。

①主电路检测。接线完毕，反复检查确认无误后，在不接通电源的状态下对主电路进行检查。按下 KM_1 或 KM_2 主触点，万用表置于电阻档，若测得各相电阻基本相等且近似为"0"；而松开 KM_1 或 KM_2 主触点，测得各相电阻为"∞"，则接线正确。

②控制电路检测。选择万用表的 R×1 档，将红、黑表笔对接调零，万用表的红、黑表笔分别置于图 8-1-2 中 1—10 的位置检测。

低速检测：断开主电路，按下低速启动按钮 SB_2，万用表读数为接触器 KM_1 线圈的直流电阻值（如 CJX2 线圈直流电阻约为 15 Ω）；松开 SB$_2$，万用表读数为"∞"；松开低速启动按钮 SB$_2$，按下 KM$_1$ 触点架，使其自锁触点闭合，万用表读数仍为接触器线圈 KM$_1$ 的直流电阻值，则接线正确。

高速检测：按下高速启动按钮 SB$_3$，万用表读数应为交流接触器 KM$_2$ 和 KM$_3$ 线圈电阻的并联值；松开 SB$_3$，万用表读数为"∞"。按下接触器 KM$_2$ 的触点架，万用表读数仍为 KM$_2$ 和 KM$_3$ 线圈直流电阻值的并联值，则接线正确。

停车控制检测：按下 SB$_2$（SB$_3$）或 KM$_1$（KM$_2$）触点架，同时再按下停止按钮 SB$_1$，万用表读数为"∞"，则接线正确。

8. 通电试车

通电试车必须在指导教师现场监护下，严格按安全规程的有关规定操作，防止安全事故的发生。

通电时，先接通三相交流电源，合上转换开关 QS。按下 SB$_2$，电动机低速运转。按下 SB$_3$，电动机高速运转。按下 SB$_1$，电动机迅速停止运转。操作过程中，观察各器件动作是否灵活，有无卡阻及噪声过大等现象，电动机运行有无异常。发现问题，应立即切断电源进行检查。

9. 按钮控制双速电动机控制常见故障分析

(1)按下低速启动按钮电动机实现点动控制。

分析：故障原因可能是低速交流接触器 KM$_1$ 的常开辅助触点连接有误。

(2)按下高速启动按钮不能直接由低速切换到高速运行。

分析：故障原因可能是按钮 SB$_3$ 连接有误或者低速交流接触器 KM$_1$ 的常闭辅助触点连接有误。

➔ 知识窗 ───────────────────────────────────

三相交流异步调速是指人为改变电动机转速。

三相交流异步电动机转速公式为

$$n_2 = (1-s)n_1 = (1-s)\frac{60f_1}{p}。$$

由此知，常用的调速方法如下。

1. 变极调速

通过改变电动机的定子绕组所形成的磁极对数 p 来调速。因为磁极对数只能是按

1，2，3，…的规律变化，所以用这种方法调速，不能连续、平滑地进行调节电动机的转速，这是步级式调速方法。

2. 变频调速

通过变频器把频率为 50 Hz 的工频三相交流电源变换成为频率和电压均可调节的三相交流电源，然后供给三相异步电动机，从而使电动机的速度得到调节。变频调速属于无级调速，会改善电动机的机械特性。

3. 变转差率调速

改变电动机的电源电压和转子电路的电阻可以实现电动机的调速，常用的有两种方法。

(1)变压调速。利用调压器、串联电抗器或晶闸管电路来改变电动机的外加电压，以实现电动机的调速。这种方法常用于泵类负载的拖动电动机。家用电器中的风扇就是用这种方法调速的。

(2)绕线式异步电动机转子串联电阻调速。只适用于绕线式电动机，通常是经转子滑环串联可变电阻器改变转子电路的电阻来实现电动机的调速。

→ 操作训练

当按下 SB_3 时，双速电动机高速运转；松开 SB_3 时，电动机停止。请分析其故障原因。

→ 知识链接

一、 变极调速原理

变极调速电动机通常采用改变定子绕组的组成和连接方法来改变磁极对数。绕组改变一次极对数，可获得两个转速，称为双速电动机；改变两次极对数，可获得三个转速，称为三速电动机；同理还有四速、五速电动机，但要受到定子结构和绕组接线的限制。当定子绕组的极对数改变后，转子绕组的极对数必须相应地改变。由于笼型感应电动机的转子无固定的极对数，能随定子绕组极对数的变化而变化。因此，变极调速仅适用于笼型感应电动机。

以双速电动机为例，如图 8-1-5 所示，双速电动机的定子绕组在制造时即分为两个相同的半相绕组。以 U 相绕组为例：分为 $U_1 - U_1'$ 和 $U_2 - U_2'$。

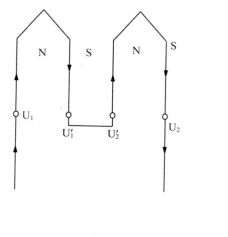 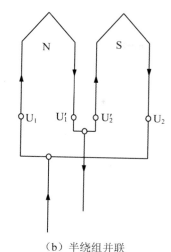

（a）半绕组串联　　　　　　　　（b）半绕组并联

图 8-1-5　笼型感应电动机变极原理

如图 8-1-5(a)所示，两个半绕组串联，电流由 U_1 流入，经 U_1'、U_2'，由 U_2 流出，用右手螺旋定则可知，这时绕组产生的磁极为四极，磁极对数 $p=2$。

如图 8-1-5(b)所示，两个半绕组并联，电流由 U_1、U_2 流入，由 U_1'、U_2' 流出，则用右手螺旋定则可知，这时绕组产生的磁极为二极，磁极对数 $p=1$。

因此，两个半相绕组串联时，绕组磁极对数是并联时的一倍，而电动机的转速是并联时的一半，即串联时为低速，并联时为高速（绕组磁极对数只能成双改变）。

二、 双速电动机的接线方式

由于每相绕组均可串联或并联，对于三相绕组可以接成 Y 或△，所以接线的方式就多了。双速电动机常用的接线方式有△/YY 和 Y/YY 两种。

1.△/YY 联结

图 8-1-6(a)将绕组的 U_1、V_1、W_1 三个端钮接三相电源，将 U_2、V_2、W_2 三个端钮悬空，三相定子绕组接成△。这时每相两个半绕组串联，电动机以四极低速运行。

图 8-1-6(b)和(c)将绕组的 U_2、V_2、W_2 三个端钮接三相电源，将 U_1、V_1、W_1 三个端钮连成一点，三相定子绕组接成 YY。这时每相两个半绕组并联，电动机以两极高速运行。

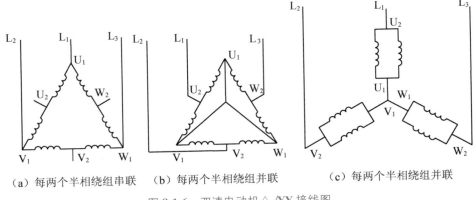

（a）每两个半相绕组串联　　（b）每两个半相绕组并联　　　（c）每两个半相绕组并联

图 8-1-6　双速电动机△/YY 接线图

2. Y/YY 联结

图 8-1-7(a)将绕组的 U_1、V_1、W_1 三个端钮接三相电源，将 U_2、V_2、W_2 三个端钮悬空，三相定子绕组接成星形。这时每相两个半绕组串联，电动机以四极低速运行。

图 8-1-7(b)和(c)将绕组的 U_2、V_2、W_2 三个端钮接三相电源，将 U_1、V_1、W_1 三个端钮连成一点，三相定子绕组接成 YY。这时每相两个半绕组并联，电动机以两极高速运行。

△/YY 联结虽然转速提高一倍，但是功率提高不多，属恒功率调速(调速时，电动机输出功率不变)，适用于金属切削机床；Y/YY 联结属恒转矩调速(调速时，电动机输出转矩不变)，适用于起重机、电梯、皮带运输等。

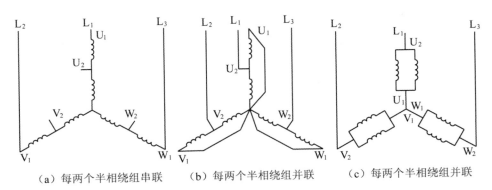

（a）每两个半相绕组串联　　（b）每两个半相绕组并联　　（c）每两个半相绕组并联

图 8-1-7　双速电动机 Y/YY 接线图

三、 接触器控制双速电动机电气线路工作过程

低速运行：

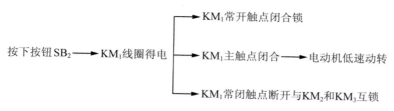

停止：

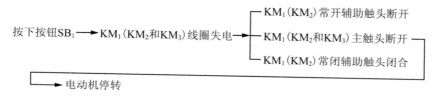

高速运行：

按下高速启动按钮SB₃ ——→ KM₂和KM₃线圈得电 ——→ KM₂常开辅助触头闭合自保

——→ KM₂和KM₃主触头闭合 ——→ 电动机高速运转

→ 思考与练习

一、填空题

1. 三相异步电动机的转速公式是_____，常见的调速方法有_____、_____和_____。

2. 双速异步电动机定子绕组的两种连接组别分别是_____和_____，高速时定子绕组的接法是_____，低速时定子绕组的接法是_____。

二、简答题

1. 双速电动机的定子绕组共有几个出线端？分别画出双速电动机在低、高速时定子绕组的接线图。

2. 三相异步电动机的调速方式有哪些？如何实现？

三、电路改进

思考图 8-1-2 所示接触器控制双速电动机控制电气原理图，有何缺陷？如何对电

路进行改进?

→ 任务评价 ————————————————————————●

经过学习之后，请填写任务完成质量评价表，见表8-1-2。

表8-1-2　任务完成质量评价表

项目内容	配分	评 分 标 准	得分
器材准备	5分	不清楚元器件的功能及作用(扣2分)	
		不能正确选用元器件(扣3分)	
工具、仪表的使用	5分	不会正确使用工具(扣2分)	
		不能正确使用仪表(扣3分)	
装前检查	10分	电动机质量检查(每漏一处扣2分)	
		电器元件漏检或错检(每处扣2分)	
安装元件	20分	安装不整齐、不合理(每件扣5分)	
		元件安装不紧固(每件扣4分)	
		损坏元件(每件扣15分)	
布线	30分	不按电路图接线(扣10分)	
		布线不符合要求 (主电路每根扣4分，控制电路每根扣2分)	
		损伤导线绝缘或线芯(每根扣5分)	
		接点松动、露铜过长、压绝缘层、反圈等 (每个接点扣1分)	
		漏套或错套编码套管(教师要求)(每处扣2分)	
		漏接接地线(扣10分)	
通电试车	30分	热继电器未整定或整定错(扣5分)	
		熔体规格配错(主、控电路各扣5分)	
		第一次试车不成功(扣10分) 第二次试车不成功(扣20分) 第三次试车不成功(扣30分)	
安全文明生产	10分	违反安全文明操作规程(视实际情况进行扣分)	
备注		如果未能按时完成，根据情况酌情扣分	

续表

项目内容	配分	评 分 标 准					得分
开始时间		结束时间		实际时间		总成绩	

任务 2　时间继电器控制双速电动机线路安装

➡ 任务描述

　　熟练阅读时间继电器控制双速电动机控制电路电气原理图，分析其工作原理。根据原理图选择电路所需低压电器元件并检测其质量好坏；画出合理布局的平面布置图，进行器件的安装；画出安装接线图，按工艺要求，进行线路的安装；安装连接完毕后，能熟练地对电路进行静态检测；如有故障，能根据故障现象，找出故障原因并排除。

➡ 实践操作

　　1. 配齐所需工具、仪表和连接导线

　　根据线路安装的要求配齐工具（如尖嘴钳、一字螺钉旋具、十字螺钉旋具、剥线钳、试电笔等），仪表（如万用表等）。根据控制对象选择合适的导线，主电路采用 BV1.5 mm²（红色、绿色、黄色）；控制电路采用 BV0.75 mm²（黑色）；按钮线采用 BVR0.75 mm²（红色）；接地线采用 BVR1.5 mm²（黄色、绿色）。

　　2. 阅读分析电气原理图

　　读懂时间继电器控制双速电动机控制线路电气原理图，如图 8-2-1 所示。明确线路安装所用元件及作用。并根据原理图画出布局合理的平面布置图和电气接线图。

　　3. 器件选择

　　根据原理图正确选择线路安装所需要的低压电器元件，并明确其型号规格、个数及用途，见表 8-2-1。

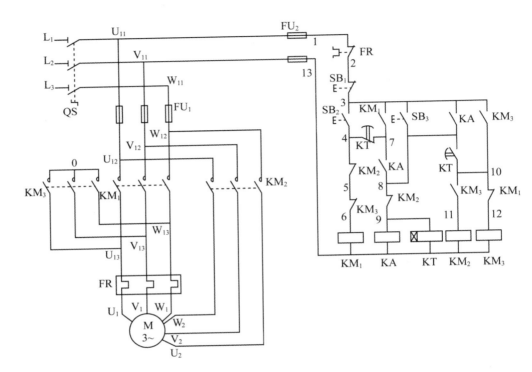

图 8-2-1 时间继电器控制双速电动机电气原理图

表 8-2-1 电气元件明细表

符号	名称	型号及规格	数量	用途
M	交流电动机	YD90L-4/2	1	
QS	组合开关	HZ10-25/3	1	三相交流电源引入
SB₁	停止按钮	LAY7	1	M 停止
SB₂	低速启动按钮	LAY7	1	M 低速
SB₃	高速启动按钮	LAY7	1	M 高速
KT	时间继电器	ST6P-z	1	低速启动过程控制
FU₁	主电路熔断器	RT18-32 5 A	3	主电路短路保护
FU₂	控制电路熔断器	RT18-32 1 A	2	控制电路短路保护
KM₁	交流接触器	CJX2-1210	1	低速接触器
KM₂	交流接触器	CJX2-1210	1	高速接触器
KM₂	交流接触器	CJX2-1210	1	高速接触器
KA	中间继电器	JZC422E	1	

续表

符号	名称	型号及规格	数量	用途
FR	热继电器	JRS1-09308	1	M 过载保护
	导线	BV 1.5 mm²		主电路接线
	导线	BVR 0.75 mm²，1.5 mm²		控制电路接线；接地线
XT	端子排	主电路 TB-2512L	1	
XT	端子排	控制电路 TB-1512	1	

4. 低压电器检测与安装

使用万用表对所选低压电器进行检测后，根据元件布置图安装固定电器元件。安装布置图如图 8-2-2 所示。

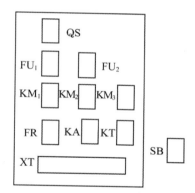

图 8-2-2 时间继电器控制双速电动机控制线路元件布置图

5. 时间继电器控制双速电动机控制线路连接

根据电气原理图 8-2-1 和图 8-2-3 所示的电气接线图，完成时间继电器控制双速电动机控制线路连接。

（1）主电路接线。将三相交流电源的三条火线接在转换开关 QS 的三个进线端上；QS 的出线端分别接在 3 只熔断器 FU₁ 的进线端；FU₁ 的出线端分别接在交流接触器 KM₁ 和 KM₂ 的三对主触点的进线端；KM₁ 主触点出线端与 KM₃ 主触点进线端、热继电器 FR 热元件进线端相连；FR 热元件出线端通过端子排与电动机接线端子 U₁、V₁、W₁ 相连；KM₂ 主触点的出线端与电动机的接线端子 U₂、V₂、W₂ 连接在一起；KM₃ 的三对主触点出线端用导线短接在一起。

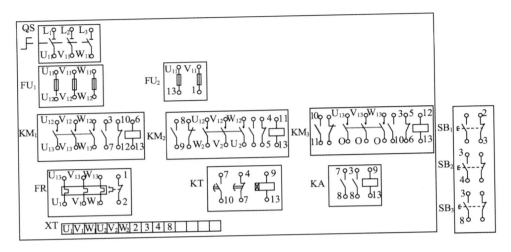

图 8-2-3　时间继电器控制双速电动机控制电路接线图

（2）控制电路接线。任取组合开关的两组触点，其出线端接控制电路熔断器 FU₂ 的进线端。

1 点：其中一个熔断器 FU₂ 的出线端与热继电器 FR 常闭触点进线端相连。

2 点：热继电器 FR 常闭触点出线端通过端子排与按钮 SB₁ 常闭触点进线端相连。

3 点：按钮 SB₁ 常闭触点出线端与 SB₂、SB₃ 的常开触点的进线端相连后，通过端子排与交流接触器 KM₁、KM₃、中间继电器 KA 的常开辅助触点的进线端相连。

4 点：KM₂ 常闭辅助触点进线端和 KT 的延时断开常闭触点进线端相连后，通过端子排与 SB₂ 常开触点的出线端相连。

5 点：KM₂ 常闭辅助触点的出线端与 KM₃ 常闭辅助触点的进线端相连。

6 点：KM₃ 常闭辅助触点的出线端与 KM₁ 线圈的进线端相连。

7 点：KM₁ 常开辅助触点的出线端与 KT 延时断开的常闭触点出线端及 KA 常开触点的进线端相连。

8 点：SB₃ 常开触点的出线端通过端子排分别与 KA 两对常开触点的出线端、KT 延时闭合的常开触点进线端、KM₂ 常闭辅助触点的进线端相连。

9 点：KM₂ 常闭辅助触点的出线端与 KA、KT 线圈的进线端相连。

10 点：KT 延时闭合常开触点的出线端分别与 KM₃ 一对辅助常开触点的进线端、KM₃ 另一对常开辅助触点的出线端及 KM₁ 常闭辅助触点的进线端相连。

11 点：KM₃ 其中一对常开辅助触点的出线端与 KM₂ 线圈的进线端相连。

12 点：KM_1 常闭辅助触点的出线端与 KM_3 线圈的进线端相连。

13 点：另一个熔断器 FU_2 的出线端依次与 KM_1、KA、KT、KM_2、KM_3 的线圈的出线端相连。

6. 安装电动机

安装电动机，做到安装牢固平稳，防止在换相时产生滚动而引起事故，并可靠连接电动机和按钮金属外壳的保护接地线。最后连接电源、电动机等电器安装底板外部的导线。

7. 静态检测

(1)根据原理图和电气接线图从电源端开始，逐点核对接线及接线端子处连接是否正确，有无漏接、错接之处。检查导线接点是否符合要求，压接是否牢固。

(2)主电路和控制电路通断检测。

①主电路检测。接线完毕，反复检查确认无误后，在不接通电源的状态下对主电路进行检查。按下 KM_1 或 KM_2 主触点，万用表置于电阻档，若测得各相电阻基本相等且近似为"0"；而松开 KM_1 或 KM_2 主触点，测得各相电阻为"∞"，则接线正确。

②对控制电路进行检测。选择万用表的 R×1 档，将红、黑表笔对接调零，万用表红、黑表笔分别置于图 8-2-1 中 1 和 13 点做下列检测。

低速检测：断开主电路，按下低速启动按钮 SB_2，万用表读数为接触器线圈的直流电阻值(如 CJX2 线圈直流电阻约为 15 Ω)，松开 SB_2，万用表读数为"∞"；松开低速启动按钮 SB_2，按下 KM_1 触点架，使其自锁触点闭合，万用表读数应为接触器线圈的直流电阻值。

高速检测：按下高速启动按钮 SB_3，万用表读数应为 KA 和 KT 线圈电阻的并联值；松开 SB_2，万用表读数为"∞"。

同时按下中间继电器 KA 的触点架，万用表读数应为接触器 KM_1 线圈、KA 线圈和 KT 线圈的直流电阻的并联值。

强行按下 KA 触点架，短接 KT 延时闭合的常开触点、按下接触器 KM_3 的触点架，万用表读数应为接触器 KM_2 和 KM_3 线圈直流电阻的并联值。

停车控制检查：分别按下 SB_2(KM_1)、SB_3(KM_3)和 KA 触点架，同时再按下停止按钮 SB_1，万用表读数应为"∞"。

8. 通电试车

通电试车必须在指导教师现场监护下严格按安全规程的有关规定操作,防止安全事故的发生。

通电时,先接通三相交流电源,合上转换开关 QS。按下 SB$_2$,电动机低速运转。按下 SB$_3$,电动机先低速运转,时间继电器延时时间到,电动机高速运转。按下 SB$_1$,电动机迅速停止运转。在操作过程中,观察各器件动作是否灵活,有无卡阻及噪声过大等现象,电动机运行有无异常。发现问题,应立即切断电源进行检查。

9. 双速异步电动机常见故障分析

(1)按下启动按钮电动机低速启动后直接切换到高速运行。

分析:电动机低速启动后直接切换到高速运行,没有单独的低速运行控制。原因可能是低速启动按钮连接有误。

(2)按下高速启动按钮,时间继电器定时时间到达后,不能切换到高速运行。

分析:若定时时间到达后电动机停止,则原因可能是时间继电器的常开触点连接有误;若电动机一直低速运转,则检查时间继电器的线圈是否正常得电或失电,同时检查时间继电器常闭触点的连接是否正确。

⊙ 经验分享 ————————————————————————

双速异步电动机改变定子绕组连接方式时,必须将任意两相出线端交换,再接到三相电源上,否则电动机反转。如图 8-2-4 所示,低速时定子绕组△连接,U$_1$、V$_1$、W$_1$ 分别接三相电源的 L$_1$、L$_2$、L$_3$,U$_2$、V$_2$、W$_2$ 三端悬空。高速时定子绕组接成

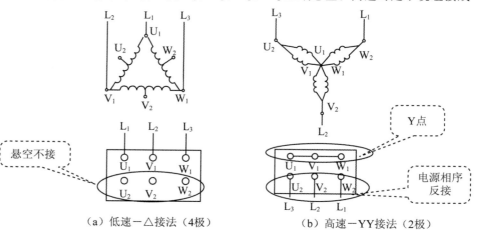

(a)低速—△接法(4极)　　　　　(b)高速—YY接法(2极)

图 8-2-4　双速电动机定子绕组变极调速接线

YY 连接，其中将 U_2 和 W_2 位置交换后接入三相电源。

→ 操作训练 ——————————————————————

试检测双速电动机定子绕组 YY 连接时如何换相。

→ 知识链接 ——————————————————————

时间继电器控制双速电动机控制线路控制过程分析：

低速时：

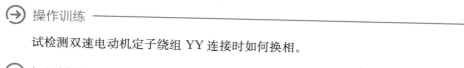

高速时：

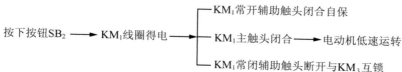

停止时：

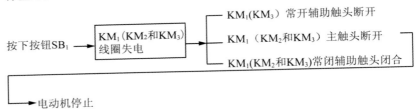

按下按钮SB₁ → KM₁(KM₂和KM₃)线圈失电 →

- KM₁(KM₃) 常开辅助触头断开
- KM₁（KM₂和KM₃）主触头断开
- KM₁(KM₂和KM₃)常闭辅助触头闭合

→ 电动机停止

→ **思考与练习**

1. 试分析中间继电器在控制电路中的用途。

2. 按下按钮 SB₃，双速电动机能低速启动，但当时间继电器定时却不能切换到高速，而是自动停止，试分析原因。

→ **任务评价**

经过学习之后，请填写任务完成质量评价表，见表 8-2-2。

表 8-2-2　任务完成质量评价表

项目内容	配分	评　分　标　准	得分
器材准备	5 分	不清楚元器件的功能及作用(扣 2 分)	
		不能正确选用元器件(扣 3 分)	
工具、仪表的使用	5 分	不会正确使用工具(扣 2 分)	
		不能正确使用仪表(扣 3 分)	
装前检查	10 分	电动机质量检查(每漏一处扣 2 分)	
		电器元件漏检或错检(每处扣 2 分)	
安装元件	20 分	安装不整齐、不合理(每件扣 5 分)	
		元件安装不紧固(每件扣 4 分)	
		损坏元件(每件扣 15 分)	
布线	30 分	不按电路图接线(扣 10 分)	
		布线不符合要求 (主电路每根扣 4 分，控制电路每根扣 2 分)	
		损伤导线绝缘或线芯(每根扣 5 分)	
		接点松动、露铜过长、压绝缘层、反圈等 (每个接点扣 1 分)	

续表

项目内容	配分	评 分 标 准	得分
布线	30 分	漏套或错套编码套管(教师要求)(每处扣 2 分)	
		漏接接地线(扣 10 分)	
通电试车	30 分	热继电器未整定或整定错(扣 5 分)	
		熔体规格配错(主、控电路各扣 5 分)	
		第一次试车不成功(扣 10 分) 第二次试车不成功(扣 20 分) 第三次试车不成功(扣 30 分)	
安全文明生产	10 分	违反安全文明操作规程(视实际情况进行扣分)	
备注		如果未能按时完成,根据情况酌情扣分	
开始时间		结束时间		实际时间		总成绩		